沙拉厨房

[澳]考特尼·鲁尔斯顿（Courtney Roulston） 著

伍 月 等译

机械工业出版社
CHINA MACHINE PRESS

沙拉，集成菜美观、种类丰富、营养均衡、低脂少油为一身，收获了很多粉丝。本书从沙拉制作的小窍门开始介绍，包括食材的处理、边角料的再利用等，然后介绍了常用沙拉酱汁的调配方法，最后按照食材分类，介绍了蛋类、海鲜类、肉类、蔬菜类等常见沙拉的制作方法。不管是清爽蔬菜，还是饱腹肉类，又或者是优质蛋白海鲜类，总有一款适合你。

本书可供咖啡厅、西餐厅、轻食餐厅等从业人员学习，也可作为大众美食爱好者的兴趣书。

The Salad Kitchen /by Courtney Roulston

Copyright © 2015 New Holland Publishers Pty Ltd

Copyright © 2015 in text：Courtney Roulston

Copyright © 2015 in images：Courtney Roulston and New Holland Publishers Pty Ltd

Simplified Chinese Translation copyright © 2020 China Machine Press

The simplified Chinese translation rights arranged through Rightol Media（本书中文简体版权经由锐拓传媒取得 Email:copyright@rightol.com）

本书由 New Holland Publishers Pty Ltd 授权机械工业出版社在中华人民共和国境内（不包括香港、澳门特别行政区及台湾地区）出版与发行。未经许可的出口，视为违反著作权法，将受法律制裁。

北京市版权局著作权合同登记　图字：01-2018-7888 号。

图书在版编目（CIP）数据

沙拉厨房 /（澳）考特尼·鲁尔斯顿（Courtney Roulston）著；伍月等译. — 北京：机械工业出版社，2020.6

书名原文：The Salad Kitchen

ISBN 978-7-111-65495-7

Ⅰ.①沙⋯　Ⅱ.①考⋯　②伍⋯　Ⅲ.①沙拉 – 制作　②调味汁 – 制作　Ⅳ.①TS972.118　②TS264.2

中国版本图书馆CIP数据核字（2020）第071056号

机械工业出版社（北京市百万庄大街22号　邮政编码100037）

策划编辑：卢志林　　　　责任编辑：卢志林
责任校对：黄兴伟　陈　越　责任印制：孙　炜
北京利丰雅高长城印刷有限公司印刷

2020年8月第1版第1次印刷
200mm×230mm·11.6印张·292千字
标准书号：ISBN 978-7-111-65495-7
定价：88.00元

电话服务　　　　　　　　网络服务
客服电话：010-88361066　机　工　官　网：www.cmpbook.com
　　　　　010-88379833　机　工　官　博：weibo.com/cmp1952
　　　　　010-68326294　金　书　网：www.golden-book.com
封底无防伪标均为盗版　机工教育服务网：www.cmpedu.com

前　言

　　我从小就喜欢烹饪。我是家里六个孩子中最小的一个，在我们成长的过程中，家中并不富裕，但这并不意味着我们吃得不好——总会有办法的。我们很幸运地养了一窝鸡，所以有现成的鸡蛋供应；还有格蒂——我们值得信赖的奶牛，给我们提供新鲜的牛奶；最重要的是，有一块肥沃多产的菜地供我们采摘蔬菜。

　　假期常常是我们尽情放松的时刻。我们在假期钓鱼，捕捉新鲜的螃蟹和虾。那时候，我没有注意到一个事实，那就是我很幸运地在成长中学会了为自己烹制新鲜的食物。

　　事实上，食物一直在我们家的议事日程上（因为从未足够，故一直存在担忧），所以我自然而然地就开始喜欢烹饪。另外，因为那时的我很害羞，还有五个比我大的活泼的兄弟姐妹，烹饪使我得到了一点点属于自己的关注。

　　我的父母都在工作，所以我经常在放学后通过电话接受他们的指导，学习如何准备晚餐。他们教我如何做烤羊肉，并告诉我制作不同菜品所需要的不同时间。我从未将房子烧着，也没有使我的兄弟姐妹们食物中毒，所以我一定是遵循了正确的步骤。

　　除了羊肉，我们的饭菜常常是相当标准的饭菜，包括烤排骨、烤肉，所有的食物都搭配素菜。我的母亲经营着一家时装店，她经常雇佣一些女士来店里帮忙修改服装。我记得有一位意大利女士和一位希腊女士曾经在店里帮忙，很快，她们就开始跟我们分享她们的食谱。从那时起，我在家里做的菜品开始有了改变。我用意式橄榄油制作了佛卡夏面包、新鲜的意大利面，以及巴克拉发和库鲁拉基亚这样的糕点，还有一系列我到今天都无法准确叫出名字的其他希腊菜。

　　所以，我开始渴望尝试各种不同文化和背景的食物。不仅如此，在我十几岁的时候，它们

激起了我在世界各地旅行的愿望，这些经历至今依然影响着我的烹饪。

你可能会问，为什么是沙拉？嗯，我喜欢吃沙拉，也喜欢制作沙拉。我对提供不同的、现代的、丰盛的菜肴给人们带来愉悦这件事，有着真正的热情。我也经常会被要求分享我的菜谱，多年来，我一直把菜谱提供给朋友们，如今，我想我应该把它们分享给更多的人。

这本书分为九部分，包括"小贴士＆小窍门"，在那里，我会向你介绍一些我的烹饪秘密。其余部分是根据主要的构成食材来安排的。

我所有的菜都是为分享而设计的。如果你想要清淡饮食，我会推荐给你沙拉生鱼片食谱。或者，你可能要做一顿十人的晚餐，在这种情况下，我建议你试试兰伯德沙拉。

你可能会注意到，在整本书中，我用了很多种香草、酱汁调料和不同口感质地的食材。我觉得用这三种成分才能组合成沙拉。香草在提供风味的同时能保持沙拉的新鲜、健康；酱汁调料把所有的成分糅合在一起，确保将所有不同的元素都结合起来；不同的口感质地给沙拉增添了内涵。将小葱撒在你的沙拉顶端，不仅赏心悦目，还会为你的沙拉增添清脆口感和惊喜。

你可以随意用你手头现有的食材来代替食谱中的配方，尽量使用当季的食材。所有的食谱都是我原创的，我保证你尝过后会感觉很好。

所以你还在等什么？赶紧进厨房，开始切菜，充满创意地制作你的美味沙拉吧。

祝你下厨愉快！

目 录

书中的计量单位换算如下：

量取液体时，1 茶匙 =5ml，1 汤匙 =15ml，1 杯 =240ml

量取固体时，1 茶匙 ≈5g，1 汤匙 ≈15g，1 杯 ≈240g

小贴士 & 小窍门

Tricks & Tips

这里有一些窍门可以使你的沙拉更有趣，也可以让你从食物中获取更多的营养，减少浪费。

在你的沙拉中，季节性的蔬菜和水果正处于营养价值最高的时候，而且由于正当季，大量上市，因此价格也会更便宜。选购时只需看看外观和闻闻气味，挑选当季的你喜欢的食材。不需要严格按规定遵循食谱的配方，可根据季节灵活选择当季食材。往往很多最好的饭菜都是由简单的、季节性的食材创造性地组合而成的。

不要削皮，把皮吃掉：很多水果和蔬菜所含的营养素都在果皮里或刚好在果皮下。胡萝卜、土豆、防风草、西葫芦、南瓜、桃子、梨、苹果和番茄都不需要削皮。把它们好好洗一洗，就可以直接吃了。

对于那些需要削皮的蔬菜，我建议将所有蔬菜皮和边角料收集起来，放入密封袋中冷藏保存，这些都是很棒的现成的制作蔬菜高汤的材料。

如果可以的话，买整棵的蔬菜，充分利用，减少浪费，最大限度地进行节约。你知道胡萝卜顶部的叶子也可以吃吗？它的口感是奶油状的，美味可口，可以生吃、做成汤，或者用来装饰。试着扔一把到调味酱里，和腰果、橄榄油、帕尔马干酪一起混合成让人大呼过瘾的沙拉（见219页）。

甜菜根是一种很好的食材，尝试购买带叶子的一整棵完整的。顶部的嫩叶可以制作沙拉或盘边装饰，大一些的叶子可用橄榄油或黄油清炒几分钟，佐以山羊奶酪碎、一把烤榛子、一些柠檬汁，尝过之后你就永远都不会再把叶子扔掉了。

把豆子、种子类和坚果加入沙拉中。我们通常认为牛肉、鸡肉、猪肉或海鲜等是沙拉中蛋白质的来源，但若不添加肉类，用藜麦、豆类甚至是普通的水煮蛋等替换传统的蛋白质元素以获得蛋白质沙拉，也是很好的做法。

烤过的种子和坚果富含营养元素和有益的脂肪，它们给沙拉添加了美妙的口感和额外的风味。或原味或烘烤，有很多可以尝试的方式。将它们同沙拉混合或是撒在沙拉上，都可以把沙拉的味道提高一个层次。

我疯狂地对新鲜的香草着迷。新鲜的草本植物有100%的风味，热量却为零。在沙拉里加入一整簇，以增加风味、新鲜度和蔬菜摄入量。大多数新鲜香草的最好储存方式就是用潮湿的厨房用纸包好放在冰箱里。你如果对某种香草已经腻烦了，可以将坚果、帕尔玛干酪和橄榄油与其混合做成意大利青酱，冷藏可以保存4~5天。也可以冷冻保存，在使用的时候解冻，用于你最喜欢的番茄沙拉，或用于拌意大利面或拌入热乎乎的汤中。

使用带齿的蔬菜削皮器或切片器：削皮器非常适合将胡萝卜、西葫芦、西芹等蔬菜切成"面条"状。切片器可以将水果和蔬菜切成大小一致的片状或条状。改变蔬菜的形状和大小是使你的沙拉看起来更丰富、美观的一个很好的方法，让我们的眼睛也饱餐一顿吧。

腌制：大多数蔬菜都可以腌制处理。如果食材买多了或现有的材料够用了，不知道怎么处理多余的蔬菜，那为什么不试着将它们腌渍一下呢？腌渍延长了新鲜蔬菜的寿命，并使蔬菜释放出又甜又酸的发酵后的味道。卷心菜、洋葱、甜菜根、胡萝卜、西葫芦、黄瓜、芦笋、辣椒、大蒜、芹菜、蘑菇、花椰菜和白萝卜等都是可腌渍的蔬菜。

不浪费，不愁缺，俭以防匮。你会将洋葱的外皮、生菜的外叶、香草或西蓝花的根茎扔掉吗？你可以用这些边角料做一些不错的事情。

* 洋葱皮：它们对熬制高汤和肉汤很有用。而且，你知道吗，如果把它们加入到煮鸡蛋的水里，会带来一种不错的香味。还可试试将鸡蛋做出大理石般的花纹，只要敲开熟鸡蛋的蛋壳，把鸡蛋放入洋葱水里煮几分钟，就能成功。赶紧试一试吧。

* 生菜的外叶：我们经常从生菜上剥下颜色较深但味道不太甜的外叶。我要对你说："留下它们。"它们在烹饪时非常美味。试着将法国小葱或洋葱丁用少许橄榄油和黄油炒几分钟，加入蒜末和一些切碎的蘑菇，使香味释放出来，加一点儿海盐、冷冻豌豆和切碎的生菜外叶，继续炒

4min，或直到炒熟为止。最后加入一点柠檬汁，作为一份热配菜食用。将生菜外叶充分利用，味道完胜。

* 香草茎：法香的茎，百里香或迷迭香的茎，都是家庭自制高汤的绝佳食材。新鲜的芫荽茎和根是咖喱或辣味米粉汤的完美选择。可以提前将它们洗干净冷冻起来，需要使用的时候再拿出来。

这是10个处理西蓝花茎的奇妙的方法：

* 用锯齿状削皮器把它们切成条，然后撒在沙拉里。

* 纵向削皮、切片，作为蘸料使用。

* 切片，加盐、醋和糖腌渍，可以完美地添加到三明治、汉堡和沙拉中。

* 切成圆片，加入到你最喜欢的炒饭中。

* 微微蒸熟，然后在上面放一个煎蛋、帕尔马干酪、辣椒碎和少量橄榄油。

* 切成圆片，倒入打好的蛋液中，加玉米粉。用油将混合物煎熟，并撒上海盐，可以作为小食品食用。

* 用鸡汤作底，炖煮土豆和花椰菜（指白色的菜花）茎，然后用搅拌器打成细滑的糊状。

* 纵向切片，倒入热锅中加芝麻油、蚝油和胡椒粉炒熟。

* 去皮，添加到素食汉堡和素食馅饼中。

* 切成条，加入到你最喜欢的卷心菜沙拉中。

调味品 & 酱汁

Dressings & Sauces

芝麻酱酸奶

大约制作 500ml

这是我最喜欢的酱汁之一，可以让许多食物变得"活泼"起来。烤过的玉米饼加上孜然，再加上一大勺芝麻酱酸奶，然后撒上新鲜的芫荽叶是我一直以来的最爱！试着搭配烤羊肉，再加上黎巴嫩的平底面包、烤茄子沙拉或辣味烧烤鸡肉沙拉。它与烤南瓜块、焦糖红洋葱和辛辣的杜卡沙拉也很搭。但如果你觉得品种太多、太难做的话，就只搭配一种也很好。用作蘸酱，与生萝卜、茴香、胡萝卜和西蓝花茎一起吃，也很美味可口。

原料

375ml 醇厚的希腊酸奶

2 汤匙去皮白芝麻酱

1 汤匙柠檬汁

1 汤匙蜂蜜或龙舌兰糖浆

海盐粒和研磨好的白胡椒碎

制作方法

将酸奶放入碗中，用搅拌器将酸奶与白芝麻酱混合均匀。加入柠檬汁、蜂蜜、海盐和一点儿胡椒碎调味。混合调匀即可。

鸡蛋碎腌菜酱汁

大约制作 500ml

如果我能被允许在每道菜中加入腌菜，我可能真的会这么做……在家里我经常被抓到直接从罐子里拿腌菜吃。腌菜能为与之搭配的任何食物增加酸甜的口感和特殊的风味。这款酱汁很适合烤鱼，尤其是三文鱼或鳟鱼。试着搭配虾或者你烤得最好的烤鸡一起吃吧。

原料

4 个小号的鸡蛋

125ml 蛋黄酱

125ml 醇厚的希腊酸奶

1 汤匙柠檬汁

1 茶匙柠檬皮屑

1 茶匙第戎芥末酱

1 茶匙蜂蜜

3 根腌黄瓜，切碎

1 根小葱，切碎

2 汤匙意大利芹，切碎

海盐粒和研磨好的白胡椒碎

制作方法

把鸡蛋放在盐水中煮 8~10min。用漏勺从锅中取出鸡蛋后，放入加有冰块的冷水中，以进一步给鸡蛋降温。冷却 5min 后，将鸡蛋剥壳，粗粗切碎。

在一个大碗中混合蛋黄酱、酸奶、柠檬汁、柠檬皮屑、芥末酱、蜂蜜、腌黄瓜碎、香葱碎、意大利芹碎，加少量海盐、白胡椒碎调味。搅拌均匀后，加入切好的鸡蛋碎。

小贴士

任何一种你喜欢的香草都可以加入到这款酱汁中。为何不试试韭黄、莳萝、酸豆和龙蒿？

柠檬鹰嘴豆泥

大约制作 700ml

关于鹰嘴豆的食谱很多，我的这个食谱不是传统型的，这款酱需要用搅拌机搅打2min。此酱价格低廉，最重要的是，非常美味，能跟各种含香料的羊肉搭配，跟具有中东风味的烤鸡也很搭，还可以作为健康的午后小吃的蘸酱食用。

原料

2 罐鹰嘴豆（400g／罐），清洗
  干净

2 汤匙柠檬汁

2 汤匙去皮白芝麻酱

75ml 醇厚的希腊酸奶

1 汤匙蜂蜜

75ml 橄榄油

海盐粒和研磨好的白胡椒碎

制作方法

把所有的原料放进一个小号搅拌机中，加少量海盐、研磨后的白胡椒碎调味，搅打到混合物变成光滑的奶油状。如果搅打的时候酱料有点干，可以额外加入橄榄油或少量温水。

可在冰箱中冷藏储存 1 周。

韩式辣椒酱

大约制作 160ml

不要看到这款辣椒酱的名字就打起退堂鼓，它真的很容易制作，可以用在许多不同的食谱中。这款带有辛辣味的酱汁是很好的佐料，可以搭配烤肉串，或拌入冬日的肉汤中，非常下饭。这款辣椒酱跟鸡蛋也很搭，特别是脆脆的煎鸡蛋。而且我敢说，这款辣椒酱是摆脱宿醉的好选择。

原料

2 汤匙葵花子油或米糠油

1 头蒜（大号），切碎

1 汤匙姜末

1/4 茶匙海盐粒

1/4 茶匙研磨好的白胡椒碎

1 汤匙红糖

1 汤匙韩国辣酱

2 汤匙白米醋

1 汤匙生抽

制作方法

把油倒进一个小锅里，用小火加热。加入蒜末和姜末，轻轻煸炒 1~2min，或者炒到散发出香味，但不至于到脆的程度。将锅从火上移开，加入剩余的原料搅拌，直到充分混合，冷却备用。

可在冰箱中冷藏储存 2 周。

注意

韩国辣酱可以在韩国超市或超市的进口货架区买到。

快手沙拉酱汁

大约制作 125ml

我在度假时由于手头的原料有限，灵光一现，做出了这款酱汁。现在让我告诉你，这款酱汁绝对美味！我建议你将它搭配薯片、生菜沙拉、土豆沙拉或者凉拌卷心菜沙拉一起吃。

原料

75ml 日本丘比蛋黄酱

2 茶匙淡味英式芥末

2 汤匙柠檬汁

1 汤匙蜂蜜

1 汤匙橄榄油

海盐粒和研磨好的白胡椒碎

制作方法

将所有原料放入一个小碗中，搅拌均匀后使用。

可在冰箱中冷藏储存 1 周。

中东风味调料

大约制作 125g

这款酱汁最适合浇在烤蔬菜或风味酸奶上。它跟抹上橄榄油的黎巴嫩面包也是梦幻组合，将黎巴嫩面包抹上这种中东风味调味料，放进烤箱里烤至酥脆。

大多数中东风味调味料都会用到干百里香，这款食谱也不例外。但有时现成的干百里香会有一种霉味，所以我喜欢自己用烤箱制作干百里香。仅需要一点点时间，最终的结果值得这额外的努力。

原料

4汤匙新鲜的百里香叶，去茎杆
  （或等量的干百里香叶）

2 茶匙研磨好的漆树粉（ground
  sumac，是酸味的，类似柠檬汁
  和醋的作用）

1/2 茶匙海盐粒

1 汤匙烘烤过的芝麻

制作方法

将烤箱预热至 160℃。将百里香叶放在铺有烘焙纸的烤盘上，放入烤箱中烤 10~15min，或者烤到用手指能将叶子捻碎为止。用研钵和研杵把百里香叶均匀磨碎，然后加入漆树粉和海盐粒混合，再加芝麻充分混合。

这种中东风味调味料最好是现做现吃，但也可以放入密闭容器中保存两周。

浓缩酸奶（酸奶奶酪球）

大约制作 15 个

选用不加糖的酸奶过滤掉乳清，最后得到厚重、凝脂状、柔软的酸奶奶酪。可以单独食用，作为平常奶酪拼盘的一个品类，也可以添加新鲜的香草或杜卡（Dukkah，一种埃及香料），油封在密封罐中。我喜欢将浓缩酸奶搭配烤西葫芦、柠檬、辣椒和薄荷一起食用。

原料

1kg 醇厚的希腊酸奶

1 茶匙海盐粒

250ml 橄榄油

制作方法

将海盐混入酸奶中。在干净的工作台上铺一块 40cm 见方的干酪布（平纹棉布）。把酸奶放在布的中心，拉起布的两边，将四个角一起打一个结，系成一个球形。用一只木勺的把手穿过干酪布的结，然后把它悬挂在一只大碗的上方，使酸奶中流出的液体滴落到碗中。流出来的液体是乳清。或者将一个筛子放在大碗上，将装有酸奶的布袋子放在筛子内，放入冰箱中沥 3 天。

沥干后，丢弃乳清。用干净的手将酸奶"奶酪"团成高尔夫球大小的圆球，放在铺有烘焙纸的托盘上，然后放入冰箱干燥 3h。最后将酸奶球放入杀菌过的罐子中，并倒入橄榄油进行油封。

浓缩酸奶可以冷藏 1 周。

注意

奶酪团成球时可加入不同的香草和香辛料用于调味，如大蒜、百里香、牛至、月桂叶、辣椒或迷迭香，然后再油封保存。

XO 辣酱

我第一次做这款辣椒酱是在《厨艺大师》电视节目上做我的招牌菜"辣味泥蟹"的时候。这款浓重又闪亮的酱汁与大多数海鲜都可以完美搭配，也适用于鸡蛋菜肴，特别是脆脆的煎蛋，可以在上面堆满新鲜的香草。

原料

60ml 葵花子油

3 个黄洋葱，切粒

3 瓣大蒜，切碎

2 汤匙新鲜姜丝

2 根长红椒，切碎

1 汤匙芫荽茎，切碎

1/3 杯干海米，在水中浸泡
　　15min，然后捞出切碎

1 汤匙细砂糖

75ml 料酒

白胡椒

2 茶匙辣椒油

1 茶匙芝麻油

1 汤匙生抽

制作方法

葵花子油放入大号平底锅中烧至五成热，加入黄洋葱、大蒜、姜丝、红椒和芫荽茎炒 3~4min，或炒至出香气。

下海米碎再炒 2~3min。加细砂糖、料酒、白胡椒、辣椒油、芝麻油和生抽，用小火继续煮 5min，或者煮到酱汁呈深红色，表面有光泽。关火，冷却后备用。

可以保存 1 周。

注意
这款酱汁也可以用来爆炒螃蟹、鸡肉、虾、茄子或豆腐。

甜椒杏仁酱

制作 500ml

这款厚重的西班牙风味酱适用于各种食谱，可以把它想象成烤过之后的辣椒。烤西班牙香肠配甜椒杏仁酱是一道很棒的餐前小吃。这款酱汁与烤鱼也很搭，还可以用于三明治填料、烤南瓜，作为美味的蘸酱或搭配南瓜汤。

原料

2 个红甜椒，切成四等份，去子

2 瓣未剥皮的大蒜

1 个番茄

60ml 初榨橄榄油

100g 整颗烤杏仁

1 茶匙辣椒粉

1 汤匙红酒醋

海盐粒和胡椒粉

制作方法

将烤箱预热到 180℃。烤盘内铺烘焙纸，放上红甜椒（皮朝上）、大蒜和番茄，淋上 1 汤匙初榨橄榄油后开始烤，偶尔翻转，烤 15min 左右，或烤到红甜椒表皮变黑，有点起泡。取出红甜椒，放置一边冷却。

把红甜椒、大蒜和番茄的皮去掉，和烤杏仁一起放入料理机中，搅拌成粗糊状。加入剩余的橄榄油、辣椒粉和红酒醋，搅拌均匀。最后用海盐和胡椒粉调味。

小贴士

如果你想做一个超快速版本的这种酱，你可以将烤红甜椒和半干番茄、大蒜放入罐子中直接捣碎。

罗勒松仁酱

制作 125ml

这个配方，我建议选用松子，也可替换成你最喜欢的其他坚果，杏仁、夏威夷果或腰果都可以，你会发现每次都会有不同的风味。

原料

1 杯择好的罗勒叶，洗净

30g 松子仁

1/2 头大蒜

30g 帕尔马干酪，磨碎

75ml 橄榄油

2 茶匙柠檬汁

1 茶匙蜂蜜

白胡椒碎

制作方法

把所有原料放入一个小号料理机中，加白胡椒碎调味，搅打至顺滑状态。

罗勒松仁酱最好选用新鲜的罗勒叶，制作好之后可以在冰箱里冷藏保存5 天。

小贴士

这道食谱中的坚果和香草可以用你喜欢的来代替，试试杏仁、夏威夷果、腰果、法香、薄荷或芫荽。

香草、杏仁和牛油果碎酱

大约制作 375ml

这款酱很适合搭配新鲜的番茄、烤鸡、虾或水煮鸡蛋，可以在冰箱里冷藏保存 2~3 天。

原料

1 杯罗勒叶

1/4 杯 / 薄荷叶

1/4 杯 / 意大利芹

1 根小葱

1/2 头大蒜

1/3 杯 40g 杏仁片

20g 擦碎的帕尔马干酪

1/4 个牛油果，去皮

1 汤匙柠檬汁

2 茶匙蜂蜜

75ml 橄榄油

海盐粒和白胡椒碎

制作方法

将罗勒、薄荷和意大利芹大致切碎，再加入小葱切碎，然后加入大蒜、杏仁片、帕尔马干酪和牛油果，继续切，直到混合物变成粗糙的糊状物。淋上柠檬汁、蜂蜜和一半的橄榄油。继续切混合物，直到形成粗粒的绿色酱。将混合物放入碗中，加入剩余的橄榄油，最后用海盐和白胡椒碎调味。

新鲜椰子酱

制作 1 杯 250ml

如果你想尝试新鲜、清淡和富有异国情调的风味，试试这个。它是咖喱、鱼肉、鸡肉沙拉甚至亚洲风味鸭肉沙拉的绝佳配料。试试看！

原料

4 汤匙新鲜椰蓉

1 汤匙青柠汁

1 茶匙白砂糖

1 根青辣椒，去子切碎

1/4 杯新鲜薄荷叶

1/4 杯芫荽叶，切碎

海盐粒

制作方法

把椰蓉和青柠汁、白砂糖、青辣椒、薄荷叶、芫荽叶和海盐粒一起放在碗里，搅拌均匀。将其搭配你最喜欢的沙拉一起食用，或作为咖喱的点缀。

芥末西葫芦腌菜

大约制作 3 杯

这款腌菜与不同类型的沙拉都能很好搭配，包括烤鸡、腌肉、软奶酪（如乳清干酪和菲达芝士）。它也是制作三明治的很不错的配料：想想黑麦面包搭配芝士熏牛肉和这款腌菜。

原料

500g 小号绿皮西葫芦，切薄片

1 个小号白洋葱，切薄片

1 汤匙海盐粒

500ml 白醋

200g 白砂糖

2 茶匙芥末粉

2 茶匙黄芥末子

1 茶匙姜黄粉

制作方法

将西葫芦、洋葱、海盐和 500ml 冷水放在一个非金属碗中搅拌混合，静置约 1h 使西葫芦变软。

同时，用中火加热一个平底锅，加入剩余的配料。搅拌使糖溶解，然后小火煮 4~5min，盛出，室温冷却。

把西葫芦和洋葱沥干水分，放回碗中，加入配料混合物，搅拌混合，放入无菌密封罐中（如果需要的话，把罐子的盖子用水封好），放入冰箱冷藏腌制 2~3 天。

腌菜至少能保存 2~3 周。

日式华夫酱

大约制作 250ml

这道菜里的洋葱既能增加辣味又能增加风味，如果你愿意的话，可以用小葱、红洋葱或红葱头来代替，它们会额外增加一丝甜味。

原料

1 个小号白洋葱，去皮并粗粗切碎

2 汤匙日式酱油

2 汤匙米酒醋

60ml 葵花子油

1 汤匙白砂糖

2 茶匙芝麻油

1/4 茶匙白胡椒碎

2 茶匙烤过的芝麻

制作方法

把除了芝麻以外的所有原料都放在一个小号料理机中，搅打 1min，或搅到混合物变得顺滑。尝一下咸味、甜味和酸味的平衡，如果需要的话对味道进行调整。最后加入芝麻拌匀。

杜 卡

大约制作 1 杯

杜卡是我最喜欢的蘸撒式香料之一。你可以买到现成的杜卡，但没有什么能比得上自己制作的香料的味道。把它撒在你最喜欢的沙拉上，以增加口感和风味。你可以用它蘸食煮熟的鸡蛋，或者蘸食新鲜的面包和橄榄油。

原料

30g 烤过的原味开心果仁

30g 烤过的原味杏仁

30g 烤过的原味腰果

1 汤匙孜然

1 汤匙芫荽子

45g 芝麻

1 茶匙黑胡椒碎

1 茶匙海盐粒

制作方法

把开心果、杏仁和腰果放在料理机中，研磨碎。

将孜然和芫荽子放入不粘锅中，用中火加热 1min，或炒至散发出香味为止，放入研钵或香料研磨机中，研磨成粉末。

把平底锅放回火上，将芝麻炒 2~3min，或者炒到变成金黄色。取出芝麻，放入碗中，加入磨碎的香料、打碎的坚果、黑胡椒碎和海盐粒，搅拌均匀并放入灭菌罐中保存。

杜卡可以保存两周，但最好是现做现用。

五香枫糖杏仁

可制作 225g

这是一道不错的食谱，你可以选用任何你喜欢的坚果。如果喜欢辣味的话，可以在混合物中加入一点辣椒粉。

原料

1 个蛋白

1 汤匙枫糖浆，多准备一点备用

225g 整粒杏仁

1 茶匙孜然

2 茶匙混合香料（苹果派用香料）

1/2 茶匙海盐粒

制作方法

将烤箱预热至 170°C。

在一个干净、无油的碗中搅打蛋白，直到轻微发泡。将蛋白糊、枫糖浆、杏仁、孜然、混合香料和海盐混合，搅拌均匀，使果仁的外表均匀沾满调味料，然后将果仁铺在有烘焙纸的烤盘上，烤 10min，然后淋上一点额外备好的枫糖浆，搅拌均匀，再烤 5~6min，或者烤到杏仁变成金黄色为止。将杏仁从烤箱中取出，冷却后食用。

早餐 & 鸡蛋
Breakfast & Eggs

隔夜燕麦配桃和杏仁沙拉

6 人份

这是一道很漂亮的菜。如果你希望你的一天有一个健康的开始，你会喜欢它的。

事实上这确实是一道不错的菜，它能在你的冰箱中冷藏保存 5 天。你可以在打算吃这道菜的前一天晚上开始操作。

原料

250g 碎燕麦片

200ml 全脂牛奶

100ml 苹果汁

100ml 橙汁

1 个柠檬，榨汁

80g 杏仁碎

50g 蜂蜜

1/2 茶匙肉桂粉

75g 葡萄干

2 个大号的绿色苹果，去皮切成片

125g 酸奶

2 个大号的成熟桃子，切成条

1 个熟芒果，去皮切成条

2 个百香果，或你喜欢的其他时令
  水果

海盐粒

制作方法

把燕麦、牛奶、苹果汁、橙汁、柠檬汁、一半的杏仁碎、蜂蜜、肉桂粉、葡萄干和一点海盐都倒入一个大碗中，搅拌均匀并用保鲜膜密封，置入冰箱中。

第二天一早，在浸透的燕麦中加入苹果片和酸奶，搅拌均匀。

顶端放置切好的桃子、芒果、百香果及剩余的杏仁碎。还可以额外加一些蜂蜜。

大豆和椰子奇亚籽布丁配草莓和芝麻

4~6 人份

这款冰布丁是不错的早餐选择，它富含多不饱和脂肪酸 Omega-3。可以提前制作，为早上节省时间。只需在前一天晚上把配料混合在一起，放进冰箱，就可以期待第二天一早的特别款待啦，就这么简单。我做过很多次布丁，从来没有厌倦过。你可以根据季节的不同来更换浸泡奇亚籽的液体和调料。另一个不错的组合是选用普通全脂牛奶和蜂蜜，再加上香蕉和杏仁。

原料

100g 白色奇亚籽（荧欧鼠尾草的
　　 种子，含 Omega-3 和膳食纤维，
　　 有利于瘦身）

500ml 豆浆

400ml 椰浆

2 汤匙蜂蜜

1 茶匙肉桂粉

200g 酸奶

250g 新鲜草莓，切片

2 茶匙烤过的白芝麻

制作方法

把奇亚籽、豆浆、椰浆、蜂蜜和肉桂粉都倒入一个大碗中，充分搅拌以混合。

盖上盖子，放在冰箱里浸泡 3~4h，或过夜。

吃之前加入酸奶搅拌，使"布丁"混合物变得松软，然后倒入每个人的碗中。在布丁上撒上草莓片，最后撒上芝麻。

小贴士
另一种吃法是将布丁与用木瓜片、香蕉和柠檬制成的水果沙拉一起食用。还可试试新鲜无花果和开心果。

预备时间：15min。

烟熏三文鱼、溏心蛋配香草沙司

2 人份

我曾经有一个关于健康烹饪的电视节目，跟踪报道了所有最新的名人饮食，这是自那次以来我第一次做这道菜。这款食谱做起来很快，并且很健康——谁会不爱上它呢？

原料

4 个小号柴鸡蛋

1 汤匙橄榄油

2 把芦笋，剪掉老根

2 茶匙新鲜姜末

1 根红辣椒，切丝

1 个小号牛油果，去皮去核切片

250g 烟熏三文鱼

柠檬角

香草沙司

30g 杏仁

小葱、法香、罗勒各 1 汤匙

1 茶匙橄榄油

海盐粒和黑胡椒碎

2 茶匙柠檬汁

制作方法

把鸡蛋放在一小锅开水里煮 5~6min，煮成溏心蛋。然后取出鸡蛋，放在冷水里，以防全熟。剥壳放在一边备用。

同时，取一个不粘锅，倒入橄榄油，中火加热，加入芦笋、姜末、红辣椒丝，炒 2~3min，加入少量水，炒香后盛出。

制作香草沙司：在切菜板上把杏仁粗粗切碎，加入小葱、法香、罗勒、橄榄油，再加海盐和胡椒碎调味，继续切碎，直到大致成为酱汁状或糊状物。挤上柠檬汁，与糊状物搅拌均匀。将炒好的芦笋红辣椒放在盘子的底部，上面放上切好的牛油果片和烟熏三文鱼片。将溏心蛋切开，抹上一勺香草沙司，最后撒上黑胡椒碎，并加上一块柠檬角。

调味烤南瓜配意大利干酪和枫糖培根

4 人份

这道菜味道很好，是周末享受烹饪时光的不错选择，也是对传统熟食早餐的一个成功改良。

原料

50ml 橄榄油

1kg 日本南瓜，带皮切成大块

2 茶匙孜然粉

1 茶匙肉桂粉

1/2棵（大约4片）羽衣甘蓝，去掉
  茎，只留叶片

8 片培根

2 汤匙枫糖浆

250ml 甜椒杏仁酱（见 24 页）

200g 新鲜的意大利干酪，大致掰碎

60g 烤过的榛子，粗粗切碎

海盐粒和黑胡椒碎

制作方法

将烤箱预热至 180℃。在南瓜上淋上 30ml 橄榄油，撒上孜然粉和肉桂粉，然后用海盐和胡椒碎调味。将南瓜放在烤盘上，放入烤箱中烤 35~40min，或者把南瓜烤软为止。从烤箱中取出南瓜，放在温热的环境中备用。

将烤箱温度调到 200℃。把培根放在烤盘里，刷上枫糖浆，放入烤箱烤 10~12min，或烤至金黄酥脆，翻面再刷上更多的枫糖浆。

把剩下的橄榄油倒入不粘锅里加热，放入羽衣甘蓝炒 2min，加海盐调味。

最后，把烤南瓜放在盘子里，装饰羽衣甘蓝和甜椒杏仁酱，覆上枫糖培根、意大利干酪，再撒上榛子碎。

芝麻菜、意大利熏火腿和
帕尔马干酪早餐沙拉

2 人份

这是一道美妙的开胃菜，如果你不喜欢重碳水化合物，可以试试这个。如果你愿意，还可以加一些新鲜的梨片。
这道沙拉也可以在午餐的时候吃。

原料

4 个柴鸡蛋

6 片意大利熏火腿

280g 芝麻菜

40g 菊苣叶

50g 刨好的帕尔马干酪

1/2 个牛油果，切成丁

1 茶匙黑胡椒碎

1 汤匙初榨橄榄油

1 汤匙黑醋

2 茶匙枫糖浆

制作方法

将鸡蛋放在煮沸的盐水中煮 6~8min，取出鸡蛋，放入冷水中。冷却后
剥壳，放置一旁备用。

向不粘锅中加橄榄油，用中火加热，放入意大利熏火腿，每面煎
1~2min，或煎至酥脆。火腿本身应该有足够的油脂，但还是要在锅里加
一点油。煎好的火腿冷却后，切成小段。

把黑醋和枫糖浆混合均匀。

最后，把芝麻菜、菊苣、帕尔马干酪、牛油果和火腿放入一个大碗，再
放上鸡蛋块、黑胡椒碎，淋上黑醋枫糖酱汁。

鹰嘴豆沙拉配哈里萨辣椒酱和羊干酪牛油果

4 人份

如果你想吃点不一样的早餐或早午餐，这道菜就可以满足你。这是一个很棒的组合，奶油般口感的牛油果、辛辣的哈里萨辣椒酱、新鲜的薄荷和松软的鸡蛋，配上酥脆的杜卡，真是好极了。

原料

200g 腌渍的波斯羊干酪，保留约
　　40ml 油脂

1 个大号熟牛油果，去皮切片

2 茶匙哈里萨辣椒酱

1 汤匙柠檬汁

1 茶匙红糖

2 汤匙切碎的薄荷叶

3 根小西葫芦，纵向切成薄片

4 个小号柴鸡蛋

400g 罐装鹰嘴豆，沥干水分

1/4 杯杜卡（见 30 页）

海盐粒和胡椒碎

柠檬角

制作方法

将羊干酪放入大碗中，加入牛油果、哈里萨辣椒酱、柠檬汁、红糖、薄荷和少量海盐、胡椒碎。用叉子的背面将所有原料搅碎混合，直到搅拌均匀，但可能仍然有一些成块的牛油果。不要过度混合，否则最终会得到泥状的成品。混合好后放置一旁备用。

不粘锅用中火加热，加入 20ml 羊干酪油脂，然后分批煎西葫芦，每面加热 1~2min，或者煎到刚刚变软。将西葫芦从锅中取出备用。

将一锅盐水煮沸，加入鸡蛋煮 6~8min，然后捞出鸡蛋，放入冷水中冷却，一旦鸡蛋冷却到可以处理的程度，就拿出去壳放置一旁。

把鹰嘴豆、西葫芦、剩余的羊干酪油脂和海盐粒放入一个大碗里，搅拌均匀后装盘，放上一大块碎牛油果混合物，再放上切开的鸡蛋。撒上杜卡、薄荷叶，最后放一块柠檬角。

脆卷心生菜沙拉配绿色女神酱汁

4 人份

大家可以把这道沙拉看作是传统凯撒沙拉的特别版本，乳脂状的香草调料汁跟这款沙拉也很搭。

原料

12 片淡味烟肉

4 个柴鸡蛋

2 棵小卷心生菜或者莴苣，
　厚切成块

1 棵中号紫菊苣，撕开叶片

绿色女神酱汁

1 片风干的凤尾鱼鱼片

150g 优质蒜泥蛋黄酱

2 汤匙醇厚的希腊酸奶

半个小牛油果

1 汤匙韭菜，切碎

1 汤匙法香，切碎

10 片罗勒叶

1 汤匙柠檬汁

海盐粒

2 茶匙蜂蜜

制作方法

把烟肉放在一个不粘锅中，用中火加热，两面各煎 1~2min，或者煎到烟肉金黄变脆。

把鸡蛋放在煮沸的盐水锅里煮 6~7min，然后放在冷水中冷却。剥去蛋壳，大致切碎，放在一边备用。

把"绿色女神酱汁"的原料放入料理机，搅拌均匀。

最后，将卷心生菜块放在盘子上，撒上柴菊苣片、切碎的鸡蛋和煎好的烟肉。淋上酱汁即可。

亚洲风味蛋饼配腰果和黄豆芽沙拉

2 人份

如果觉得煎蛋卷味道有点厚重，可以试着加入新鲜的香草、辛辣的辣椒和脆豆芽来中和口感。

原料

4 个柴鸡蛋

2 茶匙橄榄油

白胡椒粉

1 茶匙鱼露

1 茶匙绵白糖

60ml 脱脂牛奶

2 茶匙芝麻油

半把英式菠菜，切碎

200g 黄豆芽

50g 无盐腰果

1 个红辣椒，切片

1 大勺蚝油

半杯芫荽

制作方法

将 4 个鸡蛋磕入碗中轻轻打散，加入一点白胡椒粉、鱼露、绵白糖和牛奶搅匀。

取一个小不粘锅，加橄榄油，用中火加热，倒入一半的鸡蛋混合物，轻轻转动不粘锅使蛋液平铺均匀，加热 1min。当鸡蛋快要凝固时，就把它远离火源，把蛋饼自一边对折，取出，放在保温处。重复制作第二个蛋饼。

同时，取一个小不粘锅，加芝麻油，用中火加热，放入菠菜炒 2min，然后拌入黄豆芽。离火，这样黄豆芽还能保持一些酥脆感。

最后，把蛋饼放在盘子上，上面放上菠菜、黄豆芽、红辣椒片、腰果、蚝油和芫荽。

玉米粒配羽衣甘蓝、
煎蛋和墨西哥胡椒调味汁

2 人份

这道菜里的墨西哥胡椒调味汁会给你的早晨增添活力。现做出来的墨西哥胡椒调味汁的口感很冲，但如果提前做好，随着时间的推移味道会逐渐变得温和。金黄的玉米粒、奶油状的黑豆、耐嚼的羽衣甘蓝和辛辣的调味汁完美结合。

原料

墨西哥胡椒调味汁

1 汤匙橄榄油

5 个墨西哥辣椒，切片

半个小洋葱，切碎

1 瓣大蒜，切碎

1/2 茶匙海盐

60ml 白醋

1 汤匙绵白糖

40ml 橄榄油

2 小根玉米，取粒

4 根卷曲羽衣甘蓝，去掉茎，切碎

125g 罐装黑豆，沥干水分

2 个大号柴鸡蛋

1/2 茶匙辣椒粉

2 汤匙法式鲜奶油

2 个墨西哥玉米饼，加热备用

制作方法

制作调味汁：向小平底锅中加橄榄油，用中火加热，加入墨西哥辣椒片，炒 3~4min，然后加入洋葱、大蒜和海盐，继续炒 3~4min，加 80ml 水、白醋、绵白糖，小火加热 8~10min，或直到汤汁减少一半。把酱汁倒入料理机里打匀，然后放在一旁备用。

同时，将 20ml 橄榄油倒入不粘锅，用中火加热，加入玉米粒和少量海盐，炒 5min，或直到玉米炒至金黄。离火，但要注意保持温度。把平底锅加 2 茶匙橄榄油再放回火上，加羽衣甘蓝和海盐一起炒 2~3min，或直到菜叶变软。加入黑豆，继续加热 1min。离火，保持温度。

将剩余的橄榄油倒入平底锅，加热。把鸡蛋煎 3~4min，或者煎到你喜欢的程度。

上桌时，将羽衣甘蓝和黑豆放在温热的盘子里，然后放上煎蛋。撒上玉米，淋上法式鲜奶油，再加辣椒粉和墨西哥胡椒调味汁。与热玉米饼一起食用。

蟹肉、玉米配小葱蛋饼

2 人份

带有甜味的蟹肉是鸡蛋的好搭档。外出用餐，如果菜单上有螃蟹蛋卷，我一定会点。这道菜我做过好几次，做起来比听起来还容易。不要只想着在浪漫的夜晚外出，尝试着在家里做饭，惊艳一下自己吧！

原料

50ml 橄榄油

2 根玉米

4 个大号柴鸡蛋

1 汤匙鱼露

2 茶匙芝麻油

2 茶匙细砂糖

200g 蟹肉

2 根小葱，切碎

1 根青辣椒，切碎

2 汤匙蚝油

海盐粒和胡椒碎

制作方法

不粘锅中加 2 茶匙橄榄油，用中火加热，加入两根玉米和一点海盐，加热 8~10min，或直到玉米熟并稍微烧焦。关火，取出玉米，晾凉后，剥出玉米粒，放在一边备用。

鸡蛋加鱼露、芝麻油、细砂糖搅匀。

在不粘锅中加入剩余的橄榄油，用中火加热，倒入一半的蛋液，转动锅，使蛋液平铺均匀，待整个蛋饼快熟的时候，撒一半玉米和一半蟹肉进去，继续加热 1min。关火，用一半的葱、青辣椒和蚝油装饰。重复以上步骤，用剩下的材料制作第二个煎蛋饼。

土豆、培根和鸡蛋沙拉

4 人份

这道食谱是传统土豆沙拉的现代特色做法，我的这一版本更像是餐饭，而不是配菜。我加了新鲜的芹菜来增加脆度，把土豆块切得大些（以免它们淹没在调味汁中），还加了一些美味的溏心蛋，加溏心蛋一直是个好点子！

原料

1kg 削皮的小土豆

4 个柴鸡蛋

4 片培根

85g 芹菜切丁，内部的嫩叶留作盘饰

2 汤匙小葱，切碎

2 汤匙意大利芹，切碎

1/2 个熟牛油果，去皮切薄片

115g 醇厚的希腊酸奶

75g 蛋黄酱

1 汤匙黄芥末

1 汤匙枫糖浆

海盐粒和白胡椒碎

制作方法

把土豆放进一个大锅里，加冷水没过土豆。加入适量的海盐粒，用中火煮沸，然后用小火煮 8~10min，或者煮到土豆完全熟透为止。关火取出，沥干水分并放在一边备用。

同时，把鸡蛋放在一锅盐水中煮沸，改小火煮 6~8min。把鸡蛋捞出，放在冰水中。冷却到可以处理之后，鸡蛋剥壳放在一边备用。

在不粘锅中用中火将培根煎 2~3min，或煎至金黄酥脆，取出，用厨房纸巾吸油。

把酸奶、蛋黄酱、黄芥末、枫糖浆和一点海盐粒、白胡椒碎在一个碗中搅拌均匀。

土豆冷却后，每个对切成四份，和芹菜一起放在一个大碗里，然后倒入调味汁，轻轻搅拌之后将它们放到餐盘上。

把培根随意撕成碎片，撒在土豆上。鸡蛋大致切成两半，加入沙拉中。最后撒上切好的牛油果、小葱、意大利芹和芹菜嫩叶。趁热食用。

酥软煎蛋配 XO 辣酱和甜酱油

4 人份

邝凯莉（Kylie Kwong）是我的美食英雄之一，这是在她的辣椒蚝油煎鸡蛋的食谱基础上改良过的个人版本。我把它做成了一顿完整的餐食，而不是一道配菜。生蔬菜丝和几把新鲜香草完美地搭配了酥脆、带油的鸡蛋。

原料

50ml 日本酱油

1 汤匙红糖

500ml 葵花子油

8 个柴鸡蛋

1 棵生菜，粗略撕开

2 根绿皮西葫芦，切成细丝

1 根大号胡萝卜，切成细丝

1 杯薄荷叶

1 杯芫荽叶

125ml XO 辣酱（见 23 页）

1 根红辣椒，切成细丝

制作方法

将日本酱油、红糖和 30ml 水放入小平底锅中，用中火加热。搅拌使糖溶解，然后小火加热 4~5min，或煮到酱汁的量减少了一半，变成糖浆状为止。关火取出并放在一边备用。

同时，在炒锅中加入葵花子油，用中高火加热，然后把每个鸡蛋分别单独磕入小碗，再小心地滑入热油中。用漏勺拨动鸡蛋，加热 1min，或者直到鸡蛋变得金黄酥脆。将鸡蛋捞出，并用厨房纸巾吸油。对所有鸡蛋重复以上步骤。

把西葫芦、胡萝卜和一半的薄荷、芫荽叶放在盘子中，盖上生菜。

再放上鸡蛋，淋上甜酱油和 XO 辣酱。用剩下的薄荷、芫荽和红辣椒装饰。

抱子甘蓝、烟肉和水煮蛋沙拉

2 人份

小时候，我很讨厌吃甘蓝，后来因为我的搭档对它很痴迷，我才开始再次吃它。抱子甘蓝不必总是煮熟后配烤肉吃。在这个沙拉里，它们被切得细碎，直接生吃。给甘蓝竖大拇指！

原料

200g 抱子甘蓝

1 汤匙橄榄油

6 片烟肉

1 瓣蒜，切片

4 朵香菇，切片

20g 黄油

60g 羽衣甘蓝，切碎

4 个柴鸡蛋

1 汤匙白醋

30g 烤过的榛子，切碎

海盐粒和胡椒碎

酱汁原料

30ml 橄榄油

1 汤匙陈醋

2 茶匙枫糖浆

制作方法

用削皮器或小刀轻轻地给抱子甘蓝削去外皮，切碎，放在碗里备用。

把橄榄油倒在一个不粘锅里，用中火加热，然后把烟肉每面煎 1~2min，或者煎到金黄酥脆为止。取出并用厨房纸巾吸油。

用中火加热同一个不粘锅，保留煎烟肉后的油，加入大蒜、香菇、黄油和一点海盐、胡椒碎，炒制 3~4min，然后加入羽衣甘蓝继续炒 2~3min。关火取出并放在一边。

取一锅盐水烧开，加入白醋，然后转小火。把每个鸡蛋单独打到小碗中，然后小心地把它滑入水中，煮 3~4min，制成溏心蛋。用漏勺捞出鸡蛋，用厨房纸巾把鸡蛋吸干水。

把酱汁原料混合在一个小碗里搅拌均匀。

上桌时，将炒好的羽衣甘蓝和蘑菇等混合物一起倒到碗里，再放上溏心蛋，然后放上松脆的烟肉小块。最后撒上榛子，淋上酱汁。趁热食用。

火腿、鸡蛋配甜豌豆香蒜沙司

2 人份

这道美味的沙拉是我处理圣诞节剩菜的最爱，尽管在一年中任何时候都能吃到它。

原料

2 个柴鸡蛋

115g 嫩菠菜

200g 火腿片

1 个小号牛油果，切成两半

2 汤匙小葱，切碎

柠檬角

甜豌豆香蒜沙司原料

115g 解冻的冰豌豆

75g 芝麻菜叶

20g 松子仁

4 汤匙薄荷叶

4 汤匙罗勒叶

20g 帕尔马干酪，磨碎

2 汤匙橄榄油

制作方法

把所有的甜豌豆香蒜沙司原料放入一个小型料理机中，搅打成光滑的糊状。如果混合物太干，可以加少量温水。放在一边备用。

把鸡蛋放在一锅盐水中煮沸，然后转小火煮 6~8min。把鸡蛋捞出，放在冰水中，冷却到可以处理后，就把鸡蛋剥壳，放在一边备用。

把菠菜放在一个小的不粘锅里，加 1 汤匙水用中火煮 1~2min，或者煮到变软为止。

把甜豌豆香蒜沙司放在上菜用的碗底，加入菠菜、火腿片、鸡蛋、牛油果、小葱和柠檬角。

三文鱼、藜麦早餐碗配杜卡鸡蛋

2 人份

各种健康的食材在这里组合成一个超级早餐、早午餐或午餐。

原料

2 个大号柴鸡蛋

125g 三文鱼排，去骨

30ml 橄榄油

80g 哈罗米芝士，切成两半

85g 羽衣甘蓝，切片

100g 白藜麦

1/2 个大号牛油果，切成两半

2 汤匙杜卡（见 30 页）

柠檬角

海盐粒和胡椒碎

制作方法

将白藜麦放入平底锅中，倒入 350ml 凉水，用大火煮沸，然后转小火，盖上锅盖，慢炖 12~14min，或者直到水分被吸收，藜麦轻盈蓬松为止。关火取出，将藜麦放入容器中盖盖保温，放在一边备用。

把鸡蛋放在一锅盐水中煮沸，然后转小火煮 6~8min。把鸡蛋捞出，放在一碗冰水中。冷却到可以处理之后，把鸡蛋剥壳放在一边备用。

将三文鱼用海盐粒和胡椒碎调味，并涂上一半的橄榄油。取不粘锅用中火加热，将三文鱼皮朝下放入，煎 3~4min 或直到鱼皮变脆为止。翻面再煎 2min，或者直到三文鱼刚刚煎熟为止。关火，取出三文鱼，放在一边保温。把平底锅再放回火上，加热剩下的橄榄油，加入哈罗米芝士，将其每一面各煎 2min，或煎到金黄，取出，放在一边。再将不粘锅放回火上，加入甘蓝和一点儿海盐粒炒 2~3min，或直到甘蓝刚刚变软为止。

上菜时，把煮好的藜麦放在碗底，再放上三文鱼、甘蓝、哈罗米芝士、牛油果、柠檬角、鸡蛋，撒上杜卡。趁热食用。

四季豆沙拉配橄榄和凤尾鱼

4 人份

我真的很喜欢这道菜，实际上，我爱死它了！它是地中海风味的绝佳组合，也是对传统沙拉不错的创新。

原料

500g 四季豆

4 个小号柴鸡蛋

1 个小号黄洋葱，切片

4 个水萝卜，切丝

85g 小黑橄榄，去核压扁

1/2 杯意大利芹，切碎

1 罐凤尾鱼，沥干

橄榄油

黑胡椒碎

酱汁原料

60g 希腊酸奶

60g 蛋黄酱

2 茶匙第戎芥末

2 茶匙柠檬皮屑

20ml 柠檬汁

2 茶匙蜂蜜

制作方法

将一大锅盐水煮沸，放入四季豆煮 2min，取出，放入一碗冰水中，防止加热过度。用刀将冷却后的四季豆纵向切成薄片。

再将一锅盐水烧开，放入鸡蛋煮 7min，取出，放入一碗冷水中。当冷却到可以处理时，剥去外壳，切碎并放在一边。

把四季豆、黄洋葱、水萝卜、黑橄榄和意大利芹放到一个大碗里。混合所有酱汁原料，然后倒在沙拉上，搅拌均匀。

把四季豆沙拉装盘，上面放鸡蛋碎和凤尾鱼，最后淋上少许橄榄油，撒上黑胡椒碎。

莳萝菠菜烘蛋配热烟熏三文鱼和法式鲜奶油

2 人份

烘蛋对消耗多余的食材很有用，有时主动翻翻冰箱会有奇迹！

原料

250g 嫩菠菜

30ml 橄榄油

5 个柴鸡蛋

60ml 牛奶

2 汤匙莳萝，切碎

200g 热烟熏三文鱼排

100g 法式鲜奶油

2 汤匙小葱碎

柠檬角

海盐粒和研磨好的黑胡椒碎

制作方法

将不粘锅用中火加热，加入菠菜、1 汤匙水和一点海盐粒，煮 1~2min 或直到菠菜变软为止。取出菠菜，放在一边备用。把锅中水倒掉然后放回火上，用纸巾擦干，加入橄榄油。把鸡蛋和牛奶充分混合，用海盐和胡椒碎调味。将蛋液倒进锅里，用小火加热 3~4min。把热烟熏三文鱼排的皮去掉，切成薄片。把三文鱼和煮熟的菠菜放在鸡蛋上面，盖上锅盖，继续加热 2~3min，或者直到鸡蛋凝固为止。装盘，加入法式鲜奶油、小葱和一点黑胡椒碎，配上柠檬角，趁热食用。

青麦和抱子甘蓝沙拉配香草蛋

4 人份

青麦是青嫩未熟的麦粒，它的烹饪方法与糙米相似，但纤维含量更高，富含蛋白质，是素食者的理想食材。煮熟整粒青麦大约需要 40min，而煮熟碎青麦大约需 20min。这种谷物可吸收其他味道，而且还有一种坚果香气。

原料

150g 磨碎的青麦

4 个柴鸡蛋

80ml 初榨橄榄油

2 片羽衣甘蓝，切碎

60g 烤过的杏仁，切碎

300g 抱子甘蓝，去皮

2 汤匙法香，切碎

2 汤匙小葱，切碎

40ml 雪莉醋

1 汤匙蜂蜜

海盐粒和胡椒碎

制作方法

平底锅中加水、盐，放入青麦煮 20~25min，沥干水分，摊铺在平托盘上冷却。

平底锅中加水、盐，放入鸡蛋煮 6~8min，取出，放入一碗冷水中，冷却到可以处理时，剥壳并放在一边备用。

不粘锅中加入 20ml 橄榄油，用中火加热，加入羽衣甘蓝和一点儿海盐粒，炒 2~3min 直到其变软。关火取出，放进一个大碗里，然后放上青麦、杏仁和去皮的抱子甘蓝。

接下来制作调味汁，将剩下的橄榄油加雪莉醋、蜂蜜和一点儿海盐搅拌均匀，浇到青麦沙拉上，调匀之后分盘。把法香和小葱放进一个碗里，将鸡蛋分别放入香草中滚一下，然后放在沙拉上。淋上少许橄榄油即可食用。

小贴士
青麦（Freekeh）可以作为无麸质食物代替糙米、小扁豆或藜麦。

海 鲜
Seafood

炙烤金枪鱼沙拉配腌渍姜和油葱酥

可作为 4 人宴会中的一道菜

我第一次做这道沙拉是为了开胃，从那以后，它就成了我最喜欢的沙拉。只吃一小口开胃并不够！！

原料

300g 生鱼片等级的金枪鱼排

2 茶匙芝麻油

1/2 茶匙海盐粒

1/3 杯腌渍姜

1 汤匙日本酱油

2 茶匙橄榄油

1 汤匙日本丘比蛋黄酱

2 汤匙油葱酥

1 茶匙烤过的黑芝麻

1 茶匙烤过的白芝麻

用于装饰的嫩香草，如小葱

制作方法

首先要确保这片金枪鱼排的尺寸合适。如果需要的话，把金枪鱼切成两半，得到两块均匀的鱼排。

将不粘锅用大火加热。在金枪鱼上涂上芝麻油，用海盐粒调味，放入锅里煎 10min。然后迅速把金枪鱼放到盘子里，放入冰箱冷却 10min。这将确保金枪鱼不会继续加热，并且会使其变硬，更容易切片。

将金枪鱼从冰箱中取出，切成 0.5cm 宽的厚片，放在盘子里，上面放上腌渍姜、日本酱油、橄榄油、蛋黄酱、油葱酥和黑白芝麻，再用嫩香草装饰。

三文鱼生鱼片沙拉配柚子姜酱汁

可供 2 人作为轻食食用

原料

300g 生鱼片等级的三文鱼，切
　　薄片

1 汤匙鲜姜，去皮切细丝

2 茶匙柚子汁

1 茶匙细砂糖

1 汤匙芝麻油

2 茶匙日本酱油

2 茶匙橄榄油

1 汤匙小葱，切碎

制作方法

把三文鱼平铺在盘子里，撒上姜丝。

取一个小碗，加细砂糖、柚子汁、日本酱油调匀，放置一边备用。

向一个小平底锅里倒入芝麻油，用大火加热到快要开始冒烟的时候，小心地把热芝麻油倒在三文鱼上，将鱼肉和姜丝烫一下。

最后在盘中淋上酱汁，顶部放上新鲜的小葱。尽快食用。

BBQ 海鲜和西瓜沙拉

6~8 人份

我在一次烹饪演示课上制作了这款沙拉。当时是 12 月，主题是"简单的圣诞食谱"。这款沙拉不到 30min 就做好了，既清淡又清爽，能给你的圣诞布丁留出足够的空间！

原料

4 汤匙新鲜芫荽叶

2 茶匙柠檬皮屑

2 汤匙柠檬汁

2 汤匙橄榄油

1 根红辣椒，切碎

1 瓣大蒜，压碎

6 汤匙新鲜薄荷叶

500g 大号青虾仁，去掉虾线

2 只（大约 400g）鱿鱼筒，切成
　　6cm 大小的块状

1kg 西瓜，去皮切块

1 个大号牛油果，切片

1 根黄瓜，切丝

1/2 个小洋葱，切成薄片

海盐粒和胡椒碎

酱汁原料

1 汤匙初榨橄榄油

2 汤匙柠檬汁

1 汤匙蜂蜜

海盐粒和胡椒碎

制作方法

在料理机中加入 2 汤匙芫荽叶、柠檬皮屑、柠檬汁、橄榄油、红辣椒、大蒜和 2 汤匙薄荷叶，搅拌混合。加海盐粒和胡椒碎调味。

把青虾仁、鱿鱼和香草混合物放在一个玻璃碗里，放入冰箱密封腌制 10min。

同时，制作调味汁，在一个小碗里搅拌橄榄油、柠檬汁和蜂蜜，加海盐粒、胡椒碎调味后放置一边待用。

烤箱预热至 160℃，放入虾、鱿鱼烤 2~3min，或直至烤熟为止。取出，用锡纸覆盖以保温。

把西瓜、牛油果、黄瓜、洋葱、虾、鱿鱼、芫荽和剩下的薄荷放在大盘子里，淋上调味汁，即可食用。

金枪鱼、毛豆、香草和波斯羊奶酪沙拉

4 人份

有时候最棒的美食反而是最简单的，而这个食谱就是这样。这道菜是前菜的最佳选择。作为周末的便餐也不错，配上一杯清爽的白葡萄酒，周末愉快！

原料

250g 去壳毛豆

250g 冷冻豌豆

2 汤匙小葱，切碎，再多备一些
　用于装饰

2 汤匙莳萝叶，切碎

2 汤匙薄荷叶，切碎

40ml 初榨橄榄油

20ml 青柠汁

1 茶匙柠檬皮屑

1 茶匙蜂蜜

100g 腌制的波斯羊奶酪，沥干
　切碎

250g 刺身级金枪鱼，切片

海盐粒和研磨好的黑胡椒碎

制作方法

将一锅盐水煮沸，放入毛豆粒煮 3min，加入冷冻豌豆再煮 3min。捞出，放在冷水中冷却。

将冷却后的豆子放入盛有小葱、莳萝、薄荷、一点儿海盐粒和黑胡椒碎的碗中。

取一半的橄榄油加青柠汁、柠檬皮屑、蜂蜜搅拌制成调味汁，倒在豆子上，搅拌均匀。把豆子分装在碗里，然后撒上波斯羊奶酪碎。

把金枪鱼片用剩余的橄榄油和海盐粒调味，覆盖在豆子上，最后撒上小葱进行装饰。

亚洲三文鱼塔塔配牛油果慕斯

4 人份

如果你做菜是为了给别人留下深刻印象，那么这道菜是完美的选择。牛油果慕斯会有一个很棒的纹理，这会让你的聚会看起来提高一个档次！

把三文鱼冷冻 20min 使其变硬，这样切片就会容易多了。

原料

300g 刺身级别的三文鱼排

1/4 杯腌渍姜，切片

1/2 头大蒜，磨碎

60g 芹菜，切丁，叶子可留作装饰

1 个小号洋葱，切片

1 根红辣椒，切小丁

2 汤匙芫荽，细细切碎

40ml 青柠汁

1 茶匙细砂糖

2 茶匙鱼露

20ml 橄榄油

1 茶匙芝麻油

1 茶匙黑芝麻

1 汤匙红葱酥

嫩芫荽叶，用于装饰

牛油果慕斯原料

1 个熟牛油果，去皮去核

2 茶匙柠檬汁

130ml 奶油

海盐粒

制作方法

首先制作牛油果慕斯。将牛油果、柠檬汁和一点儿海盐粒用料理机搅拌均匀，放入碗中。搅打奶油，直到提起搅拌器能形成软的尖角，轻轻倒入牛油果混合物中，放入冰箱保存。

将三文鱼切成 0.5cm 见方的方块，与腌渍姜、大蒜、芹菜、洋葱、红辣椒和芫荽一起放入大碗中。

将青柠汁、白砂糖、鱼露、橄榄油和芝麻油混合搅拌至糖溶解，倒在三文鱼上用于调味。

上菜之前，把三文鱼放置在容器中，用汤匙加一勺牛油果慕斯，最后撒上黑芝麻、红葱酥和嫩芫荽叶。

小贴士
不要太早给三文鱼浇上酱汁，因为酱汁中的青柠汁会对鱼肉有反应，使鱼肉变色。

金枪鱼配西瓜、苹果、青柠和萝卜醋

4 人份

我喜欢在沙拉里加点水果来增加新鲜度。这道菜中，我简单地添加了苹果和西瓜，以增加口感和甜味。这种组合与咸橄榄和酸橙完美契合。

原料

50ml 米醋

20g 细砂糖

1/2 茶匙海盐粒

1 茶匙味淋

60ml 橄榄油

4 个手指酸橙

1/2 杯西瓜，切丁

1/4 杯绿苹果，切丁

2 根胡萝卜，切丁

1 汤匙小葱，切碎

80g 腌制的黑橄榄，去核切碎

250g 刺身级金枪鱼排，切片

嫩水芹，用于装饰

制作方法

把米醋、细砂糖、海盐粒、味淋和橄榄油放入碗中搅拌均匀。

把手指酸橙纵向切成两半，取出种子，和西瓜、苹果、胡萝卜、小葱一起加入调味汁中。

把金枪鱼放到一个盘子里，用勺子淋上调味汁，最后撒上黑橄榄，饰以水芹。

石首鱼配辣根、姜和小葱

2 人份

生鱼片经常搭配山葵一起吃，在这道菜里，我用辣根代替山葵。

原料

180g 刺身级石首鱼，切片

1 杯白萝卜，切丝

2 茶匙新鲜辣根，切碎

1 茶匙生抽

1 茶匙芝麻，炒熟

研磨好的白胡椒碎

嫩芫荽，用于装饰

生姜和小葱调味汁原料

40g 新鲜姜，去皮切薄片

1 根小葱

1 汤匙芫荽茎，切碎

海盐粒

1 茶匙细砂糖

40ml 花生油

制作方法

制作调味汁：把姜、小葱、芫荽、一点海盐粒和细砂糖放入研钵中，用研杵捣成糊状，倒入一个耐热的碗里，搅拌均匀。

向小煎锅中倒入花生油，用大火加热，小心地将热油倒在酱汁糊中，加热以释放出酱汁的香味，然后将其充分混合。

把白萝卜和石首鱼放在盘子里，淋上酱汁、生抽，最后用辣根、芝麻、白胡椒碎和嫩芫荽来装饰。

小贴士

新鲜的辣根很难得，可以用罐装辣根或者日式芥末酱来代替。

泰式 *BBQ* 虾和腰果沙拉

4 人份

这是一道富有风味的新鲜低热量菜肴,用虾代替你喜欢的烤肉、海鲜或者豆腐。这个食谱是虾、调味汁和腰果的美味组合。

原料

20 个大号(选取个头特别大的）
青虾,去壳去虾线

1 汤匙橄榄油

2 瓣蒜,压碎

1 茶匙研磨好的黑胡椒碎

115g 烤过的原味腰果,粗粗切碎

1 根黄瓜,切片

200g 樱桃番茄,对半切开

3 根小葱,切碎

1 杯芫荽,切碎

1 杯泰国罗勒,只留叶子

250g 米粉,在热水中浸透

酱汁原料

2 个青柠,榨成汁

1 汤匙鱼露

2 汤匙黄糖

1 根红辣椒,切碎

2 茶匙芝麻油

制作方法

用中火加热平底锅。

把青虾、橄榄油、大蒜和胡椒碎放在碗里搅拌均匀。

将虾的每面煎 1~2min,或直到刚刚熟为止,移火,放置一边待用。

同时,在一个大碗里混合腰果碎、黄瓜、樱桃番茄、小葱、芫荽、泰国罗勒和米粉。

把所有酱汁原料放入一个碗里混合,倒入沙拉,加入烤熟的虾搅拌均匀。需尽快食用。

绿茶面条沙拉配三文鱼和日式柚子醋

4 人份

这个食谱是我最喜欢的日式食材的组合，一道很棒的、丰盛的面条沙拉！柚子醋是一种日本调味汁，它是以柑橘和大豆为基底，加上柚子制成的调料。如果找不到柚子，可以用新鲜的柠檬或青柠代替。它用在大多数沙拉中都很美味，也是新鲜生鱼片的绝佳伴侣。

原料

200g 绿茶荞麦面

100g 冷冻毛豆粒

1 汤匙橄榄油

150g 嫩菠菜叶

海盐粒

250g 刺身级三文鱼，切片

1 个熟牛油果，切片

1/2 杯腌渍姜

1 汤匙黑、白芝麻混合物

2 汤匙小葱，切碎

柚子醋原料

1 汤匙柚子

2 汤匙日本酱油

1 汤匙味淋

1 汤匙米酒醋

1 汤匙黄糖

1 茶匙芝麻油

黑胡椒粉

制作方法

把绿茶荞麦面放入一锅盐水里煮 2~3min，取出，在流动的冷水下冲洗，沥干，放置一旁备用。

把毛豆粒放在盐水里煮 3~4min，捞出，在流动的冷水下冲洗，沥干，放置一旁备用。

向不粘锅里加橄榄油，用中火加热，加入菠菜和一点儿海盐粒，炒1~2min，或者直到菠菜叶变软为止。取出菠菜，放在一边冷却。

将三文鱼放在金属托盘上，用厨房喷枪将三文鱼表面炙烤一下，烤至三文鱼表面出现一些焦化的痕迹，但三文鱼并没有熟透。

在一个碗里，把所有的柚子醋原料搅拌在一起，使糖全部溶解。

上桌时，将面条分装在碗中，撒上毛豆、菠菜、牛油果和腌渍姜。

加入三文鱼，用勺子淋上调味汁。最后用黑、白芝麻和小葱碎装饰。

小贴士
如果你没有厨房喷枪，可以将三文鱼放入平底锅中每面各煎 5s。

清蒸虾沙拉配芳香油酱汁

作为前菜可供 4 人

带壳蒸虾是烹调虾的一种精细方法，能使虾肉的口感变得仿佛能融化在你的口中。

原料

20 只大号青虾，不去壳

125ml 橄榄油

2 瓣蒜，切碎

1 汤匙姜，切碎

2 根小葱，取葱白切碎，绿色的葱
　叶部分保留

1 汤匙芫荽茎，切碎，叶子用于
　装饰

1 汤匙生抽

1 汤匙红酒醋

1 茶匙白砂糖

85g 芹菜芯，切碎

2 汤匙红葱酥

白胡椒粉

制作方法

去掉虾头，保留虾身的虾壳。

用刀把虾纵向切成两半，去掉虾线。

制作酱汁，把橄榄油倒入一个小平底锅里，低温加热，加入大蒜、姜、葱白、芫荽茎和一点儿白胡椒粉，加热 15min 让配料的香气注入油中。要确保你的油温不会太热，你不是在炒制香料，而是提供足够的热量使其释放香味。把油从火上移开，加入生抽、红酒醋和白砂糖，放置一旁备用。

同时，把一锅盐水煮开。将虾放入蒸笼中，放在沸水上蒸 4~6min，或者直到虾完全蒸熟为止。

把虾从蒸笼里拿出来，放在一个盘子里。用勺子浇上芳香油，撒上芹菜、切碎的葱叶、芫荽叶和红葱酥。趁热食用。

开胃虾配辣玛丽玫瑰酱汁和炒米

4 人份

我的这道食谱不同于惯常的经典做法，但我保证同样美味！这道菜的米饭添加了质感元素，酱汁是亚洲风味的。松脆的虾片和是拉差（sriracha）辣椒酱也让这道经典变得与众不同。

原料

250ml 葵花子油

2 汤匙黑米

8 片干龙虾片

20 只大号青虾，去壳去虾线

1 汤匙橄榄油

115g 生菜，洗净切碎

1 个熟牛油果，去皮切片

115g 蛋黄酱

1 汤匙番茄酱

2 汤匙是拉差辣椒酱

2 汤匙小葱，切碎

20 根小号木扦子

海盐粒和胡椒碎

制作方法

在小平底锅中将葵花子油加热至 160℃，倒入黑米，炸 2~3min，或直至黑米膨化变脆。用漏勺取出并用厨房纸巾吸干油。用同样的油把干龙虾片炸至酥脆，同样用厨房纸巾吸油后放在一边备用。

用木扦子将每只虾从头到尾自中间穿过，这样可以防止虾肉在烹饪时卷曲。

向不粘锅中倒入橄榄油，用中火加热，放入虾串，用海盐粒和胡椒碎调味，每面煎 2min，或直到虾完全煎熟为止。取出虾，稍微冷却后取掉木扦子。

把蛋黄酱、番茄酱和是拉差辣椒酱混合在一起。

上菜时，把一半的酱汁倒在盘子里，上面放生菜、牛油果和熟虾，然后淋上剩下的酱汁和少许橄榄油。最后用炒米、小葱和虾片装饰。

小贴士
干龙虾片也可以用油葱酥替代。

水煮鸡肉、虾和牛油果沙拉

4 人份

多汁的水煮鸡肉配上带甜味的虾和香浓的牛油果酱，是我运动和踏青时喜欢的菜肴。

原料

180g 去皮鸡胸肉

1000ml 鸡汤

20 个大号熟虾，去壳、去虾线，
　　留下虾尾

180g 西洋菜

2 个小长叶莴苣，取嫩叶，洗净
　　撕碎

2 汤匙小葱，切碎

牛油果酸奶酱原料

1 个熟牛油果

115g 醇厚的希腊酸奶

20ml 柠檬汁

2 汤匙蜂蜜

海盐粒

第戎酱汁原料

40ml 橄榄油

1 茶匙第戎芥末酱

1 汤匙柠檬汁

2 茶匙蛋黄酱

1 茶匙蜂蜜

制作方法

把鸡汤倒入平底锅中，用大火加热，煮开后转小火，放入鸡胸肉，盖上盖子，用小火加热 5min。关火，把鸡肉焖在锅中，用余温继续加热 25min。

把鸡肉从汤中捞出，待冷却至可以处理后，切成 1cm 宽的鸡肉条。

同时，制作牛油果酸奶酱，把牛油果肉、酸奶、柠檬汁、蜂蜜和一点儿海盐粒放在一个小号料理机中，搅拌至混合物光滑后放在一边备用。

接下来制作第戎酱汁，把所有的原料加一点儿海盐粒搅拌均匀，放置一旁备用。

食用时，将牛油果酸奶酱分装在盘子里，用勺子的背面摊开，再放上西洋菜和长叶莴苣，然后撒上水煮鸡和虾，淋上第戎酱汁和切碎的小葱。

烤三文鱼和西葫芦沙拉配鸡蛋和泡菜酱

6 人份

可把这道菜想象成一个用鞑靼沙司做成的鱼肉沙拉！如果你买不到一整片的三文鱼排，就用三文鱼块代替。西葫芦花也可换成任何其他时令蔬菜，如烤芦笋、烧焦的西葫芦丝或烫熟的西蓝花，效果也很好。

原料

1.5kg 整片去皮三文鱼排，去骨

1 汤匙橄榄油

18 朵整个西葫芦花

1 杯鸡蛋碎腌菜酱汁（见 17 页）

4 汤匙小葱，切碎

18 朵大蒜花

海盐粒和胡椒碎

制作方法

将预热烤箱至 140℃。将三文鱼放在烤盘上，加海盐粒调味，烤 25~30min，或者直到烤透，但中间还是柔软的为止。把三文鱼从烤箱里拿出来，静置 5min，然后放到加热过的长盘子里。

把橄榄油倒入不粘锅中加热，放入西葫芦花，用海盐粒调味，每面煎 2min。

把西葫芦花从锅中取出，和三文鱼放在一起，撒上香葱碎和大蒜花，配鸡蛋碎腌菜酱汁，趁热食用。

蜂蜜烟熏三文鱼配小葱和薄荷沙拉

2 人份

有一次我在做烹饪示范的时候，将烟熏三文鱼做熟了，结果就做出了这道菜。烟熏三文鱼是买的成品，做起来既快又容易！

原料

270g 皱叶甘蓝，切碎

130g 西葫芦，切成细丝

75g 胡萝卜，切成细丝

2 汤匙小葱，切段

2 汤匙新鲜薄荷，切碎

200g 热的蜂蜜烟熏三文鱼，去皮切薄片

酱汁原料

1 汤匙丘比蛋黄酱

1 汤匙柠檬汁

1 茶匙芝麻油

1 茶匙鱼露

1 茶匙黄糖

白胡椒碎

制作方法

把所有的酱汁原料放在一个大碗里混合，加入皱叶甘蓝、西葫芦、胡萝卜、小葱、薄荷和三文鱼，搅拌均匀。

把沙拉分装在两个碗里上菜。

热三文鱼、茴香和橙汁沙拉

4 人份

新鲜茴香的味道与任何柑橘类都很相配。这是一道超级健康的食谱，也是让像三文鱼这样较贵的食材发挥更大作用的好方法。

原料

2 个橙子，切开取橙汁

2 汤匙柠檬汁

2 汤匙橄榄油

1 汤匙蜂蜜

2 个茴香头，切片

400g 罐装鹰嘴豆，
　　沥干水分

4 汤匙意大利芹

4 汤匙莳萝

200g 新鲜去皮大西洋三文鱼排，
　　去骨

280g 芝麻菜

海盐粒和胡椒碎

制作方法

将橙汁放入碗中，加柠檬汁、橄榄油、蜂蜜和少许海盐料、胡椒碎混合，加入橙子片、茴香片、鹰嘴豆、意大利芹和莳萝。

搅拌使调味更加均匀。

用中火加热不粘锅，将三文鱼每面煎 2~3min，取出，冷却备用。

把芝麻菜放在盘子中，放上茴香沙拉混合物。把冷却后的三文鱼切碎，撒到盘中，最后用额外的莳萝和柠檬角装饰。

亚洲腌黄瓜、鱿鱼蘑菇沙拉

2 人份

在这个亚洲风味的沙拉中，脆脆的腌黄瓜和温热的、有嚼劲的鱿鱼特别搭。选用各种蘑菇会增加额外的质感。

原料

2 根黄瓜

1 茶匙海盐

1 茶匙黄糖

300g 新鲜的鱿鱼

40ml 初榨橄榄油

1 瓣大蒜，切薄片

150g 混合蘑菇

2 根红辣椒，切细丝

1 根小葱，切细丝

8 汤匙芫荽叶

1 汤匙烤过的白芝麻

酱汁原料

1 汤匙米酒醋

1 汤匙生抽

1 汤匙黄糖

1 茶匙芝麻油

1/2 茶匙辣椒油

白胡椒碎

制作方法

把黄瓜去皮，纵向切成两半，用勺子挖去种子，放在砧板上切成 1cm 厚的薄片。把黄瓜片放在碗里，撒上黄糖和海盐，搅拌均匀。盖上盖子并冷藏 30min。

同时清洗鱿鱼，轻轻地扯开头部和触须，去掉内脏。把鱿鱼身上的紫膜去掉，拔出透明的骨头，然后将所有部位冲洗干净，用厨房纸巾吸水。

把鱿鱼切成约 1cm 宽的条。

把所有的酱汁原料放在一个大碗里搅拌均匀。

将黄瓜片、红辣椒、小葱一起加入酱汁中，搅拌均匀。放置一边。

用中火加热不粘煎锅，锅中加 20ml 橄榄油，加入蘑菇炒 2min，再加入大蒜和一点儿海盐粒，再炒 1min，盛出，放置一边。

用厨房毛巾把煎锅擦干净，用大火加热，加入剩余的油，放入鱿鱼，加海盐粒调味，炒 1~2min，或者直到鱿鱼刚刚熟但仍然很嫩为止。

上菜时，将一半的芫荽叶放在盘子的底部，放上炒熟的蘑菇、黄瓜混合物和鱿鱼，再撒上白芝麻和剩余的芫荽叶装饰。趁热食用。

炙烤金枪鱼尼可斯沙拉配腌洋葱和炸薯条

2 人份

尼可斯沙拉有很多种。这道沙拉用新鲜的金枪鱼、番茄、脆萝卜和金黄的炸薯条制作而成。

原料

150g 法式四季豆

2 个柴鸡蛋

2 个中号土豆，切成薯条

400ml 葵花子油，
　　用于炸制

160g 金枪鱼排

1 汤匙橄榄油

150g 樱桃番茄，对半切开

2 个水萝卜，切片

8 颗黑橄榄，去核压碎

10 片罗勒叶

10 片龙蒿叶

腌洋葱原料

1 个小号紫洋葱，切片

1/2 茶匙海盐粒

2 茶匙糖

1 汤匙雪莉酒醋

酱汁原料

1 条凤尾鱼

1 茶匙小酸豆

4 颗黑橄榄

1 茶匙带子芥末

1 汤匙雪莉酒醋

2 茶匙蜂蜜

30ml 橄榄油

制作方法

将腌洋葱原料放入碗中，搅拌均匀，盖上盖子腌制 30min。

把法式四季豆放在一锅盐水里煮 2min，捞出，用流水冲凉备用。把同一锅盐水放回火上烧开，放入鸡蛋煮 6~8min，捞出，放入冷水中冷却后，剥壳放在一边。

将葵花子油倒入锅中加热至 160℃ 左右。用厨房纸巾将薯条上的水分吸干，下油锅炸 5~6min，或直到金黄酥脆为止，用厨房纸巾吸干多余的油。

同时，把金枪鱼涂上橄榄油，放入不粘锅中，单面煎 30~40s，取出放在一边待用。

把凤尾鱼、酸豆和黑橄榄放在菜板上，大致切成糊状，然后同芥末、雪莉酒醋、蜂蜜、橄榄油一同放在碗里搅拌，制成酱汁。

把金枪鱼放在盘子的底部，撒上法式四季豆、番茄、水萝卜、橄榄、罗勒叶、龙蒿叶、鸡蛋碎，淋上酱汁，搭配炸薯条。

章鱼、茴香、柠檬沙拉

2 人份

章鱼需要一段时间来烹调，但这很值得等待。茴香的味道与章鱼柔软的口感，还有柠檬的味道非常相配。为了增加点情趣，可以加一杯冰镇的白葡萄酒，假装你正沐浴在地中海的阳光下！

原料

1 条章鱼，约 600g

1 根胡萝卜，切碎

1/2 个洋葱，切片

2 片月桂叶

1 瓣蒜，加工成蒜蓉

10 粒黑胡椒粒

2 汤匙法香，切碎

1 个中号茴香头，切片，叶子切碎
    保留

1 茶匙柠檬皮屑

1 汤匙柠檬汁

1 根红辣椒，切小丁

1/2 茶匙海盐粒

1/2 茶匙白胡椒碎

1 汤匙橄榄油

制作方法

章鱼去嘴部和眼，用冷水洗净，放入锅中，加胡萝卜、洋葱、月桂叶、蒜蓉、黑胡椒粒和法香，加冷水没过所有食材，再加入海盐粒调味，用中火加热。烧开后，转小火，盖上锅盖煮 1.5h，或直至章鱼变软为止。将章鱼从汤中取出冷却，放入一块干净的纱布中。把章鱼卷成香肠的样子，用细绳固定两端，再包上锡纸，冷藏 6h 或隔夜。把章鱼从纱布中取出，切成薄片。

把茴香片放在盘子的底部，放上切片的章鱼，撒上柠檬皮屑、柠檬汁、红辣椒、海盐粒、白胡椒碎、橄榄油和绿色的茴香叶。

鱿鱼沙拉配烤西葫芦、柠檬和炸薄荷

4 人份

这道菜有点与众不同，是意大利风味。在购买鱿鱼时，一定要挑最新鲜的，以获得最好的效果。

原料

160ml 橄榄油

4 汤匙薄荷叶

4 个中号西葫芦，纵向切薄片

600g 鱿鱼，切成 2cm 见方的片

2 瓣大蒜，切碎

1 根红辣椒，切碎

1 个柠檬，取皮切碎

1 个柠檬，切成 4 瓣

120g 嫩芝麻菜

1 汤匙意大利黑醋

海盐粒

小贴士

意大利黑醋可在进口超市购买。

制作方法

将橄榄油倒入小平底锅或煎锅中，用中火加热。当油温度达到160℃时，小心地将薄荷叶放入油中，分批炸10~15s，或直到变脆为止。小心叶子里的水分会溅油。用漏勺将薄荷叶取出，再用厨房纸巾吸一下叶子上的油。

用中火加热一个大号煎锅。

把西葫芦放在一个大碗里，倒入 2 汤匙炸薄荷的油和一点儿海盐粒搅拌均匀，放入锅中每面煎 2min，取出放在托盘上，放在一边备用。

用厨房毛巾把大号煎锅擦干净，用大火加热。把鱿鱼放在一个大碗里，用一点儿海盐粒调味，加入大蒜、红辣椒和 40ml 炸薄荷的油。然后将鱿鱼下入煎锅炒 2~3min，或者直到它刚刚熟但仍然很嫩的状态为止。把鱿鱼从锅中取出，趁着鱿鱼还热的时候把柠檬皮屑撒在上面。

上菜之前，把芝麻菜放在一个大盘子的底部，然后放上西葫芦，再放上鱿鱼。饰以炸薄荷叶，配上意大利黑醋和柠檬角。尽快食用。

扇贝、腌苹果、牛油果烟肉沙拉

4 人份

扇贝的甜味和烟肉的烟熏味与新鲜的腌制苹果能很好地结合在一起，这是一道令人印象深刻的很棒的早午餐。

牛油果酱原料

1 个熟牛油果，去皮去核

1 汤匙柠檬汁

1 汤匙蛋黄酱

海盐粒

腌苹果

1 个绿苹果，切条

30ml 白葡萄酒醋

1 汤匙蜂蜜

200g 烟肉，去皮后切成条

24 个扇贝肉

40ml 橄榄油

2 茶匙带子芥末

115g 西洋菜叶

胡椒碎

制作方法

制作牛油果酱：将牛油果、柠檬汁、蛋黄酱和一点儿海盐粒放入一个小号料理机里，搅拌均匀，直到形成光滑的果泥，放在一边。

将苹果稍微腌一下，在碗中加入白葡萄酒醋、蜂蜜和一点儿海盐粒，加入苹果条，轻轻搅拌，放在一边静置 10min。

同时，用中火加热一个不粘锅，将烟肉煎 8~10min，或者直到大部分脂肪都化开，烟肉变得金黄酥脆，盛出烟肉。用厨房纸巾把锅擦干，将其移到中高火上，倒入 20ml 橄榄油，放入扇贝肉，用海盐粒和胡椒碎调味，每面煎 30s~1min，或煎至外表呈金黄色，但中间仍然半透明的状态。

将腌渍苹果取出放入碗中，把带子芥末和剩下的橄榄油加入腌苹果醋汁中调匀成酱料。

上菜时，用勺子把牛油果泥舀在盘子上，上面放上扇贝和烟肉，撒上腌制的苹果和西洋菜叶。最后用勺子舀上芥末酱，立即食用。

小贴士

扇贝与大多数烟肉都能搭配得很好。如果买不到烟肉，试着用西班牙香肠、培根、意大利熏火腿或意式培根代替。

烤鱼沙拉配茴香、番茄和橄榄

4 人份

这是一份清淡、低碳水化合物的沙拉，是周末早午餐或工作日晚餐的美味选择。片状的鱼、新鲜的香草、清甜的番茄和"咯吱咯吱"的茴香组成了一个丰富的组合！

原料

2 汤匙柠檬汁，再多备一些

60ml 初榨橄榄油

1 茶匙黄糖

1 个中号球茎茴香，切片，留叶子
  备用

400g 白色去皮鱼排，如鲷鱼、鳕
  鱼等

2 茶匙柠檬皮屑

2 汤匙马郁兰叶，切碎

4 个熟番茄，切片

85g 小橄榄，去核压碎

2 汤匙新鲜罗勒叶，切碎

海盐粒和黑胡椒碎

制作方法

将柠檬汁、20ml 橄榄油、黄糖和一点儿海盐粒放入一个大碗中，加入茴香片，搅拌均匀，放在一边腌制 20min。

同时，用中火加热不粘锅。在鱼身上涂上 20ml 橄榄油、一半的马郁兰叶和柠檬皮屑，用黑胡椒碎和海盐粒调味。将鱼放入不粘锅中，每面煎2~3min，或直到煎透为止，这主要取决于你使用的鱼排的厚度。把鱼从锅中取出，稍微冷却一下，放在一边备用。

把番茄、橄榄、罗勒叶搅拌在一起，加海盐粒、黑胡椒碎调味后放在盘子或碗里。挤去茴香片里多余的液体，放在番茄混合物上。把鱼切成薄片，放在沙拉上面，再撒上剩余的马郁兰叶、茴香叶和橄榄油，加入柠檬角。

温热螃蟹沙拉配

4 人份

这道沙拉虽然吃起来有点麻烦，但很值得在家里制作。新鲜烹制的花蟹肉质鲜美，和芳香的烤番茄酱搭配起来非常棒。

原料

烤番茄泰式酱汁原料

200g 樱桃番茄	4 只中号花蟹
50ml 初榨橄榄油	250g 球叶生菜
1 汤匙姜，去皮切碎	150g 樱桃番茄，对半切开
2 根红辣椒，切碎	8 汤匙芫荽叶
1 瓣蒜，切碎	8 汤匙泰国罗勒叶
1 汤匙芫荽茎，切碎	4 汤匙越南薄荷
海盐和黑胡椒碎	2 汤匙亚洲油葱酥
1 汤匙黄糖	
1 汤匙鱼露	
40ml 青柠汁	

制作方法

烤箱预热至 180℃。把番茄放在铺有烘焙纸的托盘上，淋上橄榄油，撒一点海盐调味，烤 20~25min，或直到番茄变得焦糖化。

同时，将姜、红辣椒、大蒜、芫荽和半茶匙黑胡椒碎放入研钵中，用杵捣成糊状。加入黄糖、烤番茄，轻轻地把番茄捣成糊状。加鱼露和青柠汁调味，必要时可对配料进行调整。放在一边备用。

把花蟹放在一大锅盐水里煮 10~12min，取出，用流动的冷水稍微冲洗，使其略降温，便于处理。掀去花蟹的背壳，去掉鳃，清洗掉所有的杂质。

把花蟹每个切成 4 块，放入一个大碗里，趁螃蟹温热的时候用烤番茄酱汁调味。

上菜时；把生菜放在盘底，放上花蟹，再淋上多出来的酱汁。撒上樱桃番茄、芫荽、泰国罗勒、越南薄荷和油葱酥，配上柠檬角趁热食用。

金枪鱼沙拉配脆土豆、水煮蛋和罗勒酱汁

2 人份

这道菜与尼可斯沙拉类似，但有一些微调。我用充满芬芳的罗勒酱把水煮鸡蛋的味道"升华"起来，这是一道健康的荷兰风味沙拉！

原料

200g 土豆

1 汤匙白醋

2 个柴鸡蛋

450g 芦笋，去掉老根

2 汤匙橄榄油

180g 罐装油浸黄鳍金枪鱼，沥干

1 个大号番茄，切片

8 颗黑橄榄，去核

1 汤匙小葱

海盐粒和黑胡椒碎

罗勒酱汁原料

8 汤匙罗勒叶

1 汤匙莳萝，切碎

125g 希腊酸奶

1 汤匙蛋黄酱

1 汤匙柠檬汁

2 茶匙蜂蜜

制作方法

将罗勒酱的所有原料放入一个小号料理机中,搅拌至顺滑,搁置一边备用。

把土豆放进平底锅里,加冷水没过,再加一点儿海盐粒,用中火煮6~8min,或者直到土豆变软为止,捞出并放入冷水中冷却。把土豆纵向切成两半,放在一边。

取一锅盐水用中火煮开,加入白醋,转小火,把鸡蛋分别打入小碗中,小心地滑入水中,煮4~5min。用漏勺把鸡蛋从锅里捞出,放在一边。

同时,不粘锅中加橄榄油,用中火加热,放入土豆,每面煎2~3min,或直到土豆变得金黄酥脆。用厨房纸巾把土豆擦干。把不粘锅放回火上,加入芦笋和一点儿海盐粒,煎2~3min,取出芦笋,放在一边。

上菜时,把脆土豆放在盘底,放上芦笋、金枪鱼、番茄和橄榄,再小心地放上水煮鸡蛋,舀一大勺罗勒酱,放上小葱和一点儿黑胡椒碎。

趁热食用。

番茄拼盘配欧提兹凤尾鱼和酵母面包屑

2 人份

这道菜的成功依赖于一些真正优质的配料：甜的成熟的番茄、鲜美的凤尾鱼和脆的酵母面包屑，这些元素能组成一道简单可口的午餐。

原料

1 汤匙橄榄油

45g 新鲜的酵母面包屑

1 茶匙新鲜的百里香叶子

1 茶匙柠檬皮屑

2 个中号番茄

6 条罐装欧提兹凤尾鱼，加 1 茶匙油封用油粗略拌碎

6 片新鲜罗勒叶，撕碎

小法香，作为装饰

海盐粒和黑胡椒碎

制作方法

取一个小号平底锅，用中火加热，加入橄榄油、面包屑、百里香叶子和一点儿海盐粒，翻炒 4~5min，或直到面包屑变得金黄酥脆为止。关火，取出面包屑，混入柠檬皮屑，搁置一边备用。

把番茄切成薄片，放在一个大盘子里，撒上凤尾鱼、少许海盐粒和黑胡椒碎，淋上 1 汤匙凤尾鱼油，再撒上烤面包屑、新鲜罗勒和小法香。

小贴士
欧提兹凤尾鱼是每年春季从西班牙北部水域捕捞的，放在盐中慢慢腌制 5 个月后油封。这些凤尾鱼是精心制作的传统佳肴，因此价格也不低（但是很值得）。它们有丰满而浓烈的味道，是一种精致的原料，能与番茄的芬芳完美搭配。

如果你买不到欧提兹凤尾鱼，优质的白凤尾鱼也是不错的选择。

金枪鱼芦笋沙拉配糙米和漆树酱

4 人份

我在几次烹饪示范中都做过这道菜，观众们也都很认可。它好吃、易做，而且健康。你可以用你最喜欢的谷物来代替其中的糙米。

原料

200g 糙米

4 个柴鸡蛋

2 把芦笋

200g 金枪鱼排

80ml 初榨橄榄油

50ml 红酒醋

1 汤匙漆树粉

1 汤匙蜂蜜

2 根小葱，切碎

8 汤匙意大利芹

85g 青橄榄，去核

45g 烤过的松子仁

海盐粒 和黑胡椒碎

制作方法

把一大锅水烧开，加入糙米煮 30min，或直到米粒变软为止，沥干水分并保温。

同时，将鸡蛋放在盐水中煮 6~8min，取出，放入一碗冷水中。一旦煮鸡蛋凉到可以用手触摸，就剥壳放在一边。

把芦笋放入盐水中烫 2min 后取出，冷却到可以接触的程度后，将芦笋纵向切成两半。

不粘煎锅用中火加热，加入 20ml 橄榄油。金枪鱼加海盐粒和黑胡椒碎调味后放入锅中，每面煎 1min，然后从锅中取出，放置一旁并保温。

把剩下的橄榄油、红酒醋、漆树粉、蜂蜜和一点儿海盐粒混合在一起。取一半调味汁倒在温热的糙米饭上，拌入小葱和意大利芹，放在碗底。将金枪鱼切成 1cm 厚的薄片，与芦笋、青橄榄、剩下的调味汁一起放在米饭上，然后放上切开的鸡蛋。用松子仁和额外的漆树粉装饰。趁热食用。

家禽类
Poultry

鹌鹑肉、烟熏茄子、藜麦和哈利萨酸奶沙拉

4 人份

这个沙拉非常适合特殊场合。辛辣的鹌鹑肉、烟熏的茄子和浓郁的酸奶简直是天赐的好物。如果你想使用更常见的食材，可以用鸡肉甚至羊肉来代替鹌鹑肉。

原料

400ml 鸡汤

100g 混合藜麦

2 个中等大小的茄子

1 汤匙 Ras el hanout* 香料

6 只鹌鹑，斩件

50ml 橄榄油

1 个洋葱，切片

4 汤匙薄荷叶，撕碎

4 汤匙芫荽叶，撕碎

45g 石榴子

哈利萨酸奶原料

250g 醇厚的希腊酸奶

2 汤匙哈利萨酱

1 汤匙柠檬汁

2 茶匙黄糖

*Ras el hanout 是一种北非的混合香料，类似十三香，若买不到，可自制。芫荽子 2 茶匙、孜然粒 1.5 茶匙、小豆蔻 0.5 茶匙、黑胡椒粒 0.5 茶匙、小茴香子 0.5 茶匙、多香果 0.5 茶匙放入锅中干焙 1min 后放入料理机磨成粉，加姜黄粉 1 茶匙、肉桂粉 1 茶匙、辣椒粉 0.5 茶匙拌匀。

制作方法

把藜麦和鸡汤放入平底锅，用中火加热，煮沸后盖上盖子，小火慢煮 12~14min，或者直到水都被藜麦吸收，藜麦膨胀轻盈。用叉子打散藜麦，放置一边冷却。在煮藜麦时，将整个茄子放在烤架上用明火烤 10min，偶尔翻动一下，烧一下茄子的外皮以获得烟熏味（见小贴士）。

当茄子柔软变形的时候，把它从火上拿下来冷却，挖出茄子肉，切碎，放置一旁备用。

将 Ras el hanout 香料和 30ml 橄榄油在一个碗中混合，加入鹌鹑肉，充分搅拌均匀，腌制 10min。在不粘锅中用中火加热剩余的橄榄油，放入洋葱、海盐炒 6~8min，或者直到洋葱颜色变黄、质地变软为止。把洋葱从锅中取出并放在一边。

将不粘锅用中火加热，放入鹌鹑肉，每面煎 5~6min，直至鹌鹑肉变成褐色并熟透。用锡纸盖住煎好的鹌鹑肉，静置 5min。把所有的酸奶原料放在一个碗中混合。上菜时，把藜麦和烤茄子放在容器的底部，浇上半份哈利萨酸奶，再加上鹌鹑肉、洋葱、薄荷、芫荽、剩下的酸奶和石榴子。

小贴士：不要害怕尝试这种方法，如果你没有明火炉灶，可以把茄子放在烤箱的烤架上烤。高温，偶尔转动，烤 10~12min，或者直到茄子外皮烧焦、变软为止。

亚洲火鸡生菜包

4~6 人份（作为前菜）

我喜欢把食物包在生菜里，生菜是一种很好的低碳水化合物容器。家里并不会一直备着现成的火鸡肉末，这道食谱中，鸡肉末、猪肉末或牛肉末同样适用。

原料

100g 粉丝

2 汤匙菜籽油

4 根小葱，切碎

1 汤匙姜，磨碎

500g 火鸡肉末，切碎

2 根西芹，切丁

60ml 浓的甜酱油，额外准备一些，
    上菜时用

225g 罐装荸荠，沥干水分并切碎

1 根中号胡萝卜，去皮切丁

2 茶匙芝麻油

8 片生菜叶子

2 汤匙芫荽叶

1 根红辣椒，切碎

30g 烤花生碎

制作方法

将粉丝泡发，捞出沥干，切成约 5cm 长的段，放在一边备用。

不粘锅加菜籽油大火加热，加入葱、姜、西芹和火鸡肉末，炒 6~8min，或者直到肉末炒成褐色，用木勺背面将可能结块的肉末压碎，加入甜酱油、荸荠、胡萝卜和芝麻油，再炒 3~4min，然后加入粉丝，微微加热。

把生菜叶放在一个大盘子里，用勺子舀上炒好的肉末放到生菜上，撒上芫荽、剁碎的红辣椒和花生碎，再淋上少许甜酱油。

炙烤蔬菜沙拉配香料鸡肉

4 人份

这是一道很好的冬日取暖菜，蔬菜是这道菜中真正的"英雄"。我喜欢把它放在一块大木板上上菜，放在餐桌的中间。

原料

1 个金甜菜根

450g 南瓜，切成块

300g 小胡萝卜，切碎

1 个紫洋葱，切成块

175g 西蓝花

4 朵大号香菇，切薄片

100ml 橄榄油

500g 鸡胸肉

2 茶匙孜然粉

1 汤匙肉桂粉

250ml 芝麻酱酸奶（见 16 页）

1 个小号柠檬

30g 烤过的杏仁，切碎

1/2 茶匙干辣椒粉

海盐粒

制作方法

将烤箱预热至 180℃。

将甜菜根放在一张锡纸上，淋上 20ml 橄榄油，用海盐粒调味，用锡纸将甜菜根包起来，密封好。在南瓜上涂 20ml 橄榄油，用海盐粒调味。把南瓜和甜菜根放在一个大烤盘上，放入烤箱烤 20min。将胡萝卜、紫洋葱、西蓝花和香菇放在另一个烤盘上，刷上 40ml 橄榄油，烤 25~30min，或者直到蔬菜变黄并熟透。当甜菜根冷却到可以处理的程度后，将锡纸取下，去掉皮，切成两半。

同时，在鸡肉上涂上剩余的橄榄油，抹上孜然粉、肉桂粉和一点儿海盐粒。用中火加热不粘锅，将鸡肉每面煎 2~3min，或者直到鸡肉煎熟并散发出香味。把鸡肉放置一边静置 3~4min，然后切成条状。

上菜时，把所有蔬菜放在一个大的餐盘上，放上切好的鸡肉条和芝麻酱酸奶，挤上柠檬汁，再撒上杏仁碎和干辣椒粉。趁热上菜。

坦都里烤鸡沙拉配调味酸奶和芒果酸辣酱

2 人份

带骨烹制的鸡肉会多汁、美味，但是如果你的时间不多，可以用鸡胸或鸡腿代替。将鸡胸或鸡腿提前浸泡在坦都里酱汁混合物中，可以更快地进行烹饪。

原料

1 只鸡（1kg）

1 汤匙坦都里酱（Tandoori）

1/3 杯 醇厚的希腊酸奶

海盐粒

1 个小紫皮洋葱，切薄片

1 个青柠

80g 什锦沙拉叶

1 根黄瓜，切薄片

1 个番茄，切成块

1 根小胡萝卜，用削皮器削成长
  条状

1 根红辣椒，切片

4 汤匙薄荷叶

4 汤匙芫荽叶

2 汤匙芒果酸辣酱

调味酸奶原料

250g 醇厚的希腊酸奶

1 茶匙孜然粉

1 茶匙五香咖喱粉（garam masala）

2 茶匙蜂蜜

海盐粒

制作方法

将烤箱预热至 180℃ 。

用厨房纸巾把鸡肉表面擦干，然后放到一个大容器里。

把酸奶、坦都里酱和一大把海盐粒混合在一起搅拌均匀，涂在鸡肉上。把鸡肉放在铺有烘焙纸的烤盘上，放入烤箱烤 55~60min，或者一直烤到鸡肉呈金黄色为止。将鸡肉从烤箱中取出，静置 10min。

同时，制作调味酸奶，把孜然粉和五香咖喱粉放入小的不粘锅里，用中火加热。

把香料干炒 1min，或者直到炒出香味为止。将蜂蜜、一点儿海盐粒和炒好的香料搅拌到酸奶里，放入冰箱。

把切好的洋葱放进碗里，挤上半个青柠的汁，再加入一点儿海盐粒，静置 10min，使洋葱入味。

上桌时，将什锦沙拉叶、黄瓜、番茄、胡萝卜、红辣椒、薄荷和芫荽放入盘中，淋上一半的调味酸奶，放上烤鸡，顶部放芒果酸辣酱、洋葱、剩下的调味酸奶和青柠角。

小贴士
坦都里酱、芒果酸辣酱、五香咖喱粉可以在超市进口货架印度食品区找到。

法国四季豆鸡肉沙拉

法国四季豆使这道菜很有"流行"的味道，而浓烈的芥末酱将所有原料完美地结合在一起。

原料

200g 去皮鸡胸肉

1000m L 鸡汤

4 片月桂叶

6 粒胡椒

2 瓣蒜，对半切开

1 个洋葱，切四等份

250g 绿色或黄色法国四季豆，纵
  向对半切开

150g 豌豆

4 个柴鸡蛋

115g 生菜，洗净撕碎

2 汤匙小葱，切碎

2 汤匙龙蒿叶，撕碎

2¹/₂ 汤匙意大利芹，切碎

海盐粒和白胡椒粉

橄榄油

酱汁原料

60ml 橄榄油

1 汤匙第戎芥末酱

30ml 白酒醋

1 汤匙蜂蜜

制作方法

把鸡汤倒入一个大平底锅中，加入月桂叶、胡椒粒、大蒜和洋葱，煮沸，转小火，放入鸡胸肉，盖上盖子，用小火煮 10min 把鸡肉煮熟。

将锅从火上移开，把煮好的鸡肉留在汤汁里再焖 20~25min。焖好后捞出鸡肉，放置一边备用。

捞去胡椒粒、月桂叶、大蒜和洋葱，把汤放回火上煮开，加入豌豆焯1~2min，然后用漏勺取出，放在一边。加入法国四季豆，盖上盖子煮20min，或者直到四季豆变软并煮熟，沥干水分后放在一边备用。

把鸡蛋放在盐水锅里煮6~8min，取出，立即放入一碗冷水中冷却，剥去外壳，放在一边备用。

将所有酱汁原料搅拌在一起，加入海盐粒和一点儿白胡椒粉调味，制成调味汁。

将鸡肉大致撕成条，放入盛有豌豆、四季豆、生菜、小葱、龙蒿和意大利芹的碗中，浇上酱汁，搅拌使之充分混合，分别盛在两个碗中。把鸡蛋切开，撒在沙拉上，再淋上少许橄榄油。

五香鸡肉和脆面沙拉

4 人份

原料

2 茶匙五香粉

2 茶匙橄榄油

180g 带皮鸡胸肉

2 根黄瓜

2 根小葱，切小段

270g 大白菜，切片

100g 鸡蛋面，煮熟

4 汤匙芫荽叶，撕碎

80g 烤过的原味腰果

海盐粒和胡椒碎

酱汁原料

2 茶匙芝麻油

1 汤匙芝麻酱

2 茶匙姜末

30ml 酱油

1 汤匙白砂糖

1 汤匙米醋

1 根红辣椒，切片

制作方法

将五香粉、橄榄油和一点儿海盐粒在一个碗中混合，然后与鸡肉一起搅拌。

用中火加热不粘锅，将鸡胸肉每面煎 3~4min，或煎至呈金黄色为止。煎好后静置冷却 5min，再将鸡胸肉切成 0.5cm 厚的片。

同时，用削皮机将黄瓜削出长片，放进碗中，拌上小葱、大白菜、鸡蛋面和一半芫荽叶。

将面条沙拉分装在上菜时用的容器里。

取一个碗，把所有酱汁原料搅拌在一起，直到混合均匀。把切好的鸡胸肉放在面条沙拉上，撒上剩下的芫荽叶和腰果，最后淋上酱汁。

烟熏鸡肉考伯沙拉配蓝纹奶酪酱

4 人份

这道美式花园沙拉由咸培根、熏鸡肉和甜玉米粒组成，所有原料全部包裹在乳脂状的蓝纹奶酪调味汁中。

原料

20 颗樱桃番茄，对半切开

橄榄油

4 个柴鸡蛋

2 根玉米

4 片中度烘焙培根，去皮

300g 烟熏鸡胸肉，切片

115g 生菜，切薄片

85g 嫩芹菜叶，用于装饰

海盐粒

蓝纹奶酪酱

125ml 酪乳

2 汤匙蛋黄酱

1 汤匙小葱，切碎

80g 洛克福羊乳奶酪或其他高质
  量的蓝纹奶酪

2 茶匙枫糖浆

制作方法

将烤箱预热至 160℃。将番茄皮朝下放在烤盘上，淋上少许橄榄油，撒一点儿海盐粒，放入烤箱烤 20~25min，或者烤到半干，皮微微起皱为止。烤好后放置一边备用。

同时，把鸡蛋放入煮沸的盐水锅里煮 6~8min，取出并放入冷水中冷却。一旦冷却到可以继续处理，就剥去蛋壳，切片，放在一边。

把玉米放在盐水里煮 4~5min，取出沥干，待冷却到足以处理后，切下玉米粒。

用不粘锅以中火煎培根，每面煎 2~3min，或煎至酥脆为止，取出备用。

将所有的酱汁原料放入料理机，搅拌至顺滑。尝一下最终酱汁的味道，必要时可进行调整。

把生菜、烟熏鸡胸肉、樱桃番茄、鸡蛋、玉米、培根和芹菜叶摆在盘子里，淋上蓝纹奶酪酱，最后撒上小葱碎。

小贴士：烟熏鸡胸肉可以用烤鸡肉或烤鸡胸肉代替。

熏鸡肉、甘蓝和芹菜配柠檬凯撒酱

4 人份

我把经典的凯撒沙拉中所有精华的部分都拿出来，用这个食谱把它们变成了一种全新的乐趣。烟熏鸡肉、新鲜的梨、脆芹菜和甘蓝集合成了一个奇特的版本。自从我发现羽衣甘蓝是多么的美味和营养，就开始把它加入我的各种沙拉中……羽衣甘蓝万岁！

原料

200g 培根，去皮

1 汤匙橄榄油

2 片厚酸酵种面包，去掉硬边

350g 烟熏鸡胸肉，切成 0.5cm 宽
　的条状

450g 根芹，去皮切丝

2 棵芹菜，切薄片

4 片羽衣甘蓝，只保留叶片

1 个梨，去核切薄片

100g 帕尔马干酪，刨好

海盐粒

酱汁原料

1/2 个蒜瓣，磨碎

125ml 酪乳

2 汤匙蛋黄酱

1 汤匙柠檬汁

2 茶匙柠檬皮屑

1 汤匙枫糖浆

2 茶匙第戎芥末酱

1 片凤尾鱼排，沥干并切碎

制作方法

用中高火加热不粘锅，放入培根，每面煎 2~3min，或直到培根变得金黄酥脆为止。将培根从锅中取出，放在一边，用纸巾吸干油并冷却备用。

把酸酵种面包放进料理机中，快速搅拌成面包屑。向平底锅中加橄榄油，用中火加热，倒入面包屑翻炒 4~5min，用一点儿海盐粒调味，晾凉备用。

在一个小碗里把所有酱汁原料搅拌均匀。

把鸡肉条、根芹、芹菜、羽衣甘蓝、梨片和帕尔马干酪放在一个大碗里混合，倒上酱汁，搅拌使各种原料均匀入味。装盘，撒上培根碎块和面包屑。

小贴士
芹菜在切的时候很容易氧化，可把切好的芹菜片放进一碗冷水里，再加一点柠檬汁，以防止它们变成褐色。

烟熏鸡胸肉可以用烤鸡胸肉代替。

鸭肉和橙汁蒸粗麦粉沙拉配鲜樱桃

4 人份

如果你买不到新鲜的樱桃，可以试着用黑樱桃罐头、酸樱桃干或小红莓来代替。

原料

4 块鸭胸肉

2 茶匙孜然粉

1 茶匙肉桂粉

175g 蒸粗麦粉

20g 黄油

1 个大号橙子，切片

20 颗新鲜樱桃，去蒂

4 汤匙意大利芹，切碎

2 汤匙小葱，切小丁

40g 烤过的开心果仁，切碎

红水芹嫩芽，用于装饰

海盐粒和黑胡椒碎

酱汁调料

60ml 新鲜橙汁

2 茶匙橙皮碎

30ml 柠檬汁

1 汤匙蜂蜜

1 茶匙第戎芥末

50ml 橄榄油

制作方法

将烤箱预热至 180℃。

用刀轻轻划破鸭胸肉的皮，然后涂上孜然粉、肉桂粉，并用海盐粒和胡椒碎调味。将鸭皮面朝下放入平底锅中，用中火加热，煎 8~10min，或者直到大部分的脂肪都被煎出，皮变成金黄色为止。把鸭胸肉翻面，再放到烤箱里烤 5min。

将烤鸭胸肉从烤箱中取出，放在一个温热的盘子上，盖上锡纸，静置 10min，然后切成 0.5cm 宽的条。

同时，将 175ml 沸水与黄油混合，搅拌至黄油化开，倒入蒸粗麦粉。当粗麦粉充分浸透后，用保鲜膜将碗封上，静置 5min。取下保鲜膜，轻轻搅动粗麦粉，将麦粒分开。

把酱汁的所有原料加一点儿海盐粒、胡椒粉搅拌在一起，倒在蒸粗麦粉上。

加入意大利芹和小葱，均匀搅拌混合后分装在碗中，放上橙子片和樱桃，最后放上鸭肉片，用开心果碎和红水芹嫩芽装饰。

巴厘岛鸡肉、烤玉米和木瓜沙拉

4 人份

我去过很多次巴厘岛，尽管那里的美食以丰富多彩和有趣而闻名，但我度假时最喜欢吃的东西之一还是早餐时常吃的红心木瓜和新鲜的青柠。这款沙拉的组合将我带回了巴厘岛。

原料

200g 鸡胸肉

1 瓣大蒜，捣碎

1 汤匙姜末

1 汤匙柠檬草碎

2 茶匙芫荽末

1 茶匙姜黄

1 茶匙黄糖

60ml 橄榄油

3 根玉米

300g 豇豆或法式四季豆，切成
  5cm 长的段

1 个熟牛油果，去皮切片

2 杯红心木瓜，去皮切片

40ml 新鲜柠檬汁

4 汤匙芫荽叶

60g 烤过的花生，切碎

柠檬角

海盐粒

制作方法

把鸡胸肉、大蒜、姜末、柠檬草、芫荽末、姜黄、黄糖和一半的橄榄油一起放入一个大碗中，搅拌均匀，放在一边静置腌制 30min。

同时，用中火加热一个不粘锅，将玉米整根放入锅中，每 10~12min 转动一下，干烤到玉米表面有一些深棕色的焦痕为止。将玉米取出冷却，剥出玉米粒，放到一个大碗里。

在同一个不粘锅中加热剩余的橄榄油，加少许海盐粒，用中火将豇豆段炒 3~4min，或者直到其变软为止，取出，和玉米一起放进碗中。

用中火加热不粘锅，将鸡肉每面煎 3~4min，或者直到鸡肉熟透并散发出香味，静置 5min 后将鸡肉切片。

食用之前，将豇豆和玉米的混合物放入碗中，铺上牛油果和木瓜，再淋上柠檬汁。最后在顶部放上鸡肉片，加入芫荽叶、花生碎和柠檬角。

黑椒柠檬草鸡肉沙拉

4 人份

这款香浓的沙拉很适合做开胃菜，脆脆的生菜和新鲜的香草保证了它的美味和清爽，并给主食留下了足够的空间。

原料

500g 鸡大腿

1 汤匙葵花子油

2 汤匙黑胡椒粉

1 茶匙干辣椒粉

2 片泰国柠檬叶，切碎

2 茶匙柠檬草，磨碎

2 茶匙姜，磨碎

1 根红辣椒，切碎

1 汤匙黄糖

2 茶匙芝麻油

30ml 鱼露

30ml 新鲜柠檬汁

115g 球形生菜，切片

150g 大白菜，切片

1 根黄瓜，切片

2 汤匙芫荽，切碎

2 汤匙薄荷叶，切碎

30g 烤过的花生，切碎

海盐粒

制作方法

将烤箱预热至 180℃，在烤盘上铺上锡纸。

将鸡大腿去骨。

将葵花子油、黑胡椒粉、辣椒粉和一点海盐粒混合，刷到鸡肉上，然后把鸡肉放在烤盘上，入烤箱烤 10~12min，或直到鸡肉呈金黄色并熟透为止。把鸡肉从烤箱中取出，放在一边稍凉待用。

同时，把柠檬叶、柠檬草、姜、红辣椒、黄糖、芝麻油、鱼露和柠檬汁放在一个大碗里拌匀。

一旦鸡肉凉到可以处理，就用刀把鸡肉切碎。

把温热的鸡肉放入调料碗中；搅拌均匀，再拌入生菜、大白菜、黄瓜、芫荽、薄荷，轻轻拌匀。把沙拉放入碗中，放上烤花生碎和多余的辣椒碎。

趁热食用。

鸭肉沙拉配腌白萝卜和芝麻酱汁

4 人份

这是一道很棒的异国风味沙拉。腌制的白萝卜、新鲜的梨和肥美的鸭肉能很好地进行搭配。

原料

4 块鸭胸肉

150g 白萝卜，去皮后切成细丝

1 汤匙米醋

1 汤匙白糖

1 茶匙海盐

1 把芦笋

1 个熟透的梨

80g 日本沙拉菜或苦苣叶

1 汤匙小葱，切碎

2 茶匙七味唐辛子（日本一种混合辣椒类调料），可选

海盐粒和胡椒碎

芝麻酱汁原料

1 汤匙芝麻酱

2 茶匙芝麻油

1 汤匙味淋

1 汤匙酱油

1 汤匙白糖

2 汤匙米醋

制作方法

将烤箱预热至 180℃。

在鸭皮上轻轻划上几刀，用海盐粒、胡椒碎调味。将鸭胸肉皮朝下，放入凉的平底锅中，用中火煎 8~10min，或者直到大部分脂肪都化开了，并且鸭皮变得金黄酥脆为止。把鸭肉翻过来，然后把平底锅放入烤箱，烤 5min 至中等熟，或者直到你喜欢的熟度。把鸭肉盛到盘子中，用锡纸松散地盖住，静置 5min，然后切成 0.5cm 宽的条。

同时，将米醋、白糖和海盐放入碗中搅拌溶解，加入白萝卜，盖上盖子腌制 20min。沥干水分，并将剩余的料汁倒掉。

把芦笋放在盐水中煮 2min，取出，在流动的凉水下冲洗，再纵向切成两半，搁置一边备用。

把所有芝麻酱汁的原料放在一个碗里搅拌至光滑，制成芝麻酱汁。

将梨去核，用削皮器或刀将梨切成薄片。将梨片、日本沙拉菜、腌萝卜和芦笋放在一个大碗中轻轻搅拌，使之混合。

将沙拉分装在碗或盘子里，放上鸭肉，再淋上芝麻酱汁，撒上小葱和七味唐辛子（如果使用的话）。

小贴士
七味唐辛子也可以用黑芝麻或白芝麻替代。

烤鸭佐荔枝沙拉

4 人份

鸭肉总是和带甜味的食材很搭。我喜欢在沙拉里放荔枝，如果买不到荔枝的话，新鲜的李子、梨和青苹果都是很好的替代品。

原料

1/2 只烤鸭，肉切碎

16 颗荔枝，剥皮去核，对半切开

2 个红葱头，去皮切片

1 把西洋菜

1 根黄瓜，切薄片

75g 芫荽叶

2 汤匙烤过的原味花生

2 汤匙油葱酥

酱汁原料

1 汤匙海鲜酱

1 汤匙米醋

2 茶匙黄糖

1 小块姜，磨碎

2 茶匙芝麻油

2 茶匙烤过的芝麻

制作方法

把所有酱汁原料放在一个碗里搅拌均匀，放在一边。

将烤鸭、荔枝、红葱头、西洋菜、黄瓜和芫荽叶放入大碗中搅拌。

把沙拉分装在碗里，淋上调味酱汁，最后撒上花生碎和油葱酥。

羊 肉
Lamb

香辣羊肉和鹰嘴豆沙拉碗

4 人份

这道菜除了看起来比较壮观之外，还带有迷人的中东风味。它真的是为分享而设计的，适合朋友聚会，趁着面包都被抢光之前尝一尝吧！

原料

200g 羊瘦肉

1 汤匙孜然粉

1 茶匙肉桂粉

50ml 橄榄油

2 个小红洋葱，切片

40ml 红酒醋

1 汤匙细砂糖

400g 鹰嘴豆，
　　沥干水分

1 根黄瓜，切片

150g 樱桃番茄，对半切开

4 汤匙意大利芹，切碎

4 汤匙薄荷，切碎

3 杯柠檬鹰嘴豆泥（见 18 页）

85g 青橄榄

85g 石榴子

250g 醇厚的希腊酸奶

2 茶匙甜椒粉

温热的薄饼或扁平的发酵面包

海盐粒和黑胡椒碎

制作方法

在羊肉上涂孜然粉和肉桂粉，用海盐粒调味，室温腌制 20min。

同时，将洋葱片放入一个非金属碗中，撒上 1 茶匙海盐粒，加入红酒醋和细砂糖搅拌至糖溶解。将洋葱腌制 20~30min，沥干，搁置一边。

在不粘锅中加入 20ml 橄榄油，用中火加热。放入羊肉，每面煎 3~4min 至中等熟。把羊肉从锅中取出，放在温暖的地方静置 5min，然后切成薄片。

把鹰嘴豆、黄瓜、樱桃番茄、意大利芹和薄荷放入一个大碗中，用海盐粒和胡椒碎调味。

上菜时，在碗中或木板上放上柠檬鹰嘴豆泥，用勺子的背面把它摊开，再放上羊肉、鹰嘴豆沙拉、腌制的洋葱和青橄榄，加入一点酸奶，撒上石榴子，最后淋上剩余的橄榄油，撒上甜椒粉，搭配薄饼或面包食用。

奶油烤羊肉、红薯和珍珠粗麦粉沙拉

6 人份

这道菜很适合放在餐桌中央的大盘子或木板上，共享午餐或休闲晚餐。

原料

1.5kg 羊腿肉

1 汤匙甜椒粉

1 汤匙孜然

1 汤匙芫荽子，轻轻压碎

100ml 橄榄油

800g 红薯，纵向切成大块

1 茶匙肉桂粉

2 个红洋葱，切成块

300g 珍珠粗麦粉

250ml 芝麻酱酸奶（见 16 页）

60g 烤过的开心果，切碎

75g 芫荽，切碎

40g 薄荷叶

85g 新鲜石榴子

60ml 柠檬汁

1 汤匙蜂蜜

1 茶匙孜然粉

海盐粒和黑胡椒碎

制作方法

将烤箱预热至 180℃ 。

制作前 1h 把羊肉预先从冰箱里取出来。

将甜椒粉、孜然、芫荽子和 20ml 橄榄油放在一个小碗中混合。将香料混合物涂在羊肉上，再用海盐粒和黑胡椒碎调味，用手搓揉均匀。

将红薯和洋葱放入大碗中，加上 30ml 橄榄油、肉桂粉和一点儿海盐粒，放在铺有锡纸的烤盘上。

取一个不粘锅，用中高火加热，放入羊肉，两面各煎 2~3min。煎好后把羊肉放到烤盘里，和红薯、洋葱一起入烤箱烤 25~30min 或稍长一点时间，一切取决于你对熟度的喜好。

把羊肉从烤箱里拿出来，盖上锡纸保温，放在一边静置 15min，然后切成条状。

在羊肉静置的时候，留红薯和洋葱在烤箱中继续烤 10~15min，取出，保温，放在一边。

同时，把粗麦粉放在煮沸的盐水中煮 8min，用冷水冲洗，过滤掉水分。

用小平底锅把孜然粉放在火上炒 1min，或直到香味散出为止，取出，加柠檬汁、蜂蜜、剩余的橄榄油一起搅拌，用少许海盐粒调味，制作出沙拉酱汁。

把粗麦粉和酱汁一起在大盘子里搅拌均匀，放上羊肉条、烤红薯、洋葱、芝麻酱酸奶、开心果、芫荽、薄荷和石榴子。趁热食用。

慢烤羊肩肉、花椰菜和开心果沙拉

4~6 人份

有什么比慢慢炙烤的羊肉散发出的香味更诱人的吗？烤熟之后的羊肉几乎完全脱骨。奶油花椰菜和辛辣的酸奶是羊肉的完美搭档。

原料

慢烤羊肩肉原料

1 块带骨羊肩肉，1.8~2kg

2 茶匙孜然

2 茶匙芫荽子

2 茶匙茴香子

2 茶匙海盐粒

1 茶匙研磨好的黑胡椒碎

2 汤匙橄榄油

柠檬哈里萨酸奶酱原料

375ml 醇厚的希腊酸奶

2 茶匙柠檬皮屑

2 汤匙柠檬汁

1 汤匙哈里萨辣椒酱

1 汤匙蜂蜜

1 棵花椰菜，分成小朵

40ml 橄榄油

75g 薄荷叶

75g 蔓越莓干

60g 开心果，切碎

制作方法

制作前 1h 把羊肉预先从冰箱里取出来，在室温下，去除羊肩肉边缘多余的脂肪。

用中火将孜然、芫荽子和茴香子放入小平底锅中炒 1min，或直至散发出香味为止。把炒好的混合物放进研钵里，加海盐粒、胡椒碎一起磨成粉末，加橄榄油混合，均匀涂抹在羊肉上。

将烤箱预热至 170℃。把羊肉和 125ml 水一起放入烤盘，盖上锡纸，烤 4h。烤好后取掉锡纸，再继续烤 20min，或者直到羊肉变成金黄色，肉很容易从骨头上撕下来为止。

将羊肉从烤箱中取出，静置 15min，然后用两把叉子把肉拨散，保温。

烤羊肉时，将花椰菜加橄榄油、一点儿海盐粒搅拌均匀，然后放在铺有烘焙纸的烤盘上，与羊肉一起在烤箱中烤 35~40min，或烤至金黄，取出花椰菜，放在一边。把酸奶酱的所有原料在一个碗里充分混合。

上菜时，把花椰菜和一半薄荷叶放在一个盘子里，淋上一半的酸奶酱，再放上羊肉。

把剩下的酸奶、薄荷叶、蔓越莓干和开心果碎撒在羊肉上，加入柠檬角，趁热食用。

小贴士
哈里萨（Harissa）是一种北非产的辣酱，可以在网店购买。

香烤羊肉烧椒沙拉配薄荷酸奶酱汁

6~8 人份

对我来说，从这本书里挑选最爱的食谱很难，但如果一定要选，我会挑这道。

原料

香烤羊肉原料

1 茶匙胡椒粒

1 汤匙烤过的芫荽子

1 汤匙烤过的孜然

2 汤匙橄榄油

1 汤匙海盐粒

2 头大蒜，去皮

2 茶匙豆蔻粉

2kg 带骨羊腿肉

薄荷酸奶酱汁原料

250ml 醇厚的希腊酸奶

160g 蛋黄酱

2 汤匙薄荷，切碎，多备一些完整
　的叶子用于装饰

2 汤匙芫荽，切碎

1/2 茶匙海盐粒

3 个大号红甜椒

250g 嫩芝麻菜

200g 樱桃番茄，对半切开

100g 高质量脆菲达奶酪

制作方法

将烤箱预热至 180℃。

将胡椒粒、芫荽子和孜然放入研钵或料理机中，磨成粗粉，然后加入橄榄油、海盐、大蒜和豆蔻粉，混合成光滑的糊状物。把调料糊均匀抹在羊腿上，放进烤盘里，室温腌制 1h。然后放入烤箱中烤 1.5~2h。将羊肉从烤箱中取出，用锡纸盖好，在切片前保温放置 15min。

同时，把整个红甜椒放在烤肉架上，烤 8~10min，直到辣椒的表皮变黑起泡。烤好后放在一边冷却，然后去除表皮、种子和薄膜，将辣椒肉切成 1cm 宽的条状。

把所有的酸奶酱汁调料在一个碗里混合。

将芝麻菜、樱桃番茄、红甜椒和菲达奶酪放在一个大盘子或碗中，放上切好的羊肉，最后淋上酸奶酱汁，撒上额外的薄荷叶。趁热食用。

小贴士
家中若没有烤肉架，可将红甜椒放在炉灶明火上直接烧 8~10min。

红咖喱羊肉配鸡蛋网和豆芽沙拉

4 人份

咖喱菜有时味道很重，但我从咖喱中提取了一些元素，做成了这道更清淡、更新鲜的风味沙拉。

原料

4 个小号柴鸡蛋，打散

60ml 葵花子油

600g 羊背肉

1 汤匙泰国咖喱酱

400ml 椰浆

1 汤匙鱼露

1 汤匙黄糖

25ml 柠檬汁

1 根小葱，切碎

1 根黄瓜，切薄片

200g 豆芽

1 根红辣椒，切薄片

75g 泰国罗勒叶

75g 芫荽叶

75g 薄荷叶

30g 烤过的花生，切碎

1 杯新鲜椰子酱（见 27 页）

海盐粒和黑胡椒碎

制作方法

将鸡蛋打散，过筛入碗中，静置 1h，放置一旁备用。

给羊肉涂上 20ml 葵花子油，放入不粘锅中用中火加热，每面煎 3~4min，或煎到你喜欢的熟度。

把羊肉从锅中取出，切成 0.5cm 宽的条状。

同时，在一个小平底锅中加热 20ml 葵花子油，加入咖喱酱炒 1min，然后倒入椰浆，用小火煮 5min，或直到酱汁稍微变稠为止。关火取出，加入鱼露、黄糖和柠檬汁，放置一旁。

把小葱、黄瓜、豆芽、红辣椒、泰国罗勒、芫荽和薄荷放在一个大碗里混合，搁置一边。

用中火加热不粘锅，锅底刷少量油。用手指蘸蛋液淋到平底锅中，画一个纵横交叉的图案，做成鸡蛋网。鸡蛋凝固后，将其从锅中取出，并用剩余的蛋液重复以上步骤，制成 4 个大的或 8 个小的蛋网。

把羊肉放入沙拉混合物中，倒上调味酱汁，搅拌均匀。

上菜的时候，把一部分鸡蛋网放在碗底，铺上沙拉，再撒上花生碎，最后在沙拉上再叠上鸡蛋网，做成一个口袋状，上面放上新鲜椰子酱。最后放上柠檬角作为装饰。

猪 肉
Pork

奶油芹菜沙拉配西班牙生火腿和曼彻格奶酪

4 人份

原料

1 个中号根芹

1 个柠檬

12 片西班牙火腿薄片

80g 刨过的曼彻格奶酪

2 根小葱，切碎

2 汤匙意大利芹，切碎

165g 醇厚的希腊酸奶

75g 蛋黄酱

1 汤匙蜂蜜

海盐粒和黑、白胡椒碎

制作方法

根芹削皮切成薄片，放进一大碗冷水里，挤入柠檬汁，以防止芹菜氧化变成褐色。

将酸奶、蛋黄酱和蜂蜜混合，加入少许海盐粒和白胡椒碎调味。

把芹菜从柠檬水里取出，用干净的厨房纸巾拍干，加酸奶酱汁、一半的小葱、意大利芹搅拌均匀。

把芹菜分装在碗或盘子里，加入西班牙火腿片和刨过的曼彻格奶酪，撒上剩下的小葱、意大利芹和黑胡椒碎。

猪肉配新鲜香草沙拉

4~6 人份

这是道越南风味沙拉，越南菜总是使用简单而充满生机的配料。这道菜中有很多新鲜的香草，甜、酸、咸、辣几种味道有一种很好的平衡。

原料

400g 猪肉块，切成 0.5cm 厚的片

2 汤匙植物油

腌渍原料

1 汤匙姜，切薄片

2 瓣大蒜，压碎

1 汤匙鱼露

1 汤匙蜂蜜

1/2 茶匙黑胡椒碎

1 茶匙芝麻油

米粉沙拉原料

150g 细米粉

2 杯大白菜，切片

1 根红辣椒，切片

40g 越南薄荷，切碎（如果很难找到越南薄荷，可以用普通薄荷代替）

40g 芫荽，撕碎

40g 紫苏叶（如果很难找到紫苏叶，可以用罗勒叶代替）

1 根黄瓜，切片

2 汤匙烤过的花生，切碎

酱汁原料

125ml 白醋

100g 细砂糖

2 茶匙鱼露

1 茶匙辣椒油

1/2 茶匙芝麻油

1 个柠檬，榨汁

制作方法

将猪肉放入碗中，倒入腌渍原料抓匀，静置 15min。

把米粉放在一个大碗里，倒满热水，泡 5min，或直到米粉变软为止。用剪刀将米粉切成 10cm 长的段，沥干水分后，放在一边冷却。

制作调味酱汁，将白醋、细砂糖和 60ml 水放入一个小平底锅中，用中火加热。搅拌使糖溶解，用小火加热 6~8min，或直到液体减少一半为止。加入鱼露、辣椒油、芝麻油和柠檬汁调匀，搁置一边备用。

把植物油倒入一个不粘锅中加热，放入猪肉片煎 3~4min，或直到猪肉煎熟呈金黄色为止。

将米粉、大白菜、红辣椒、薄荷、芫荽、紫苏叶、黄瓜和一半的猪肉放在一个大碗里，倒入调味酱汁搅拌均匀，盛在一个盘子里，撒上剩下的猪肉片，用花生碎、额外的香草和青柠装饰。

猪肉虾馄饨沙拉配姜汁

4 人份

我做这种馄饨已经很多年了，你可以提前做一大批，冷冻起来。当天气稍凉时，煮成肉汤馄饨绝对是一道美味佳肴。

原料

24 张加蛋馄饨皮

1 个鸡蛋，打散

3 杯嫩菠菜叶，焯水

2 杯荷兰豆，沸水焯熟

2 杯豌豆芽

馄饨馅原料

250g 猪肉泥

20 个青虾仁，切碎

1 汤匙姜，切碎

2 瓣大蒜，压碎

1 汤匙芫荽茎

2 汤匙小葱，取白色部分切碎，绿
   色部分留作装饰

1 茶匙芝麻油

1/2 茶匙白胡椒碎

1 茶匙白砂糖

1 汤匙生抽

酱汁原料：

60ml 花生油

1 汤匙姜，切成丝

2 汤匙生抽

1 汤匙陈醋

1 茶匙芝麻油

1 茶匙细砂糖

制作方法

把馄饨馅原料放在碗里，搅拌均匀。

把馄饨皮放在干净的案板上，将一汤匙馅放在馄饨皮的中心，包成馄饨，

收口处抹蛋液，防止粘不牢。包完所有馄饨。

煮开一大锅盐水，将馄饨放入锅中煮 5~7min，偶尔翻动一下，以确保馄饨不会粘连。

同时，在一个小平底锅内放入花生油，加热到几乎要冒烟为止。把热油小心地淋到姜丝上，1min 后加入生抽、陈醋、芝麻油、细砂糖，搅拌均匀。

用漏勺捞出馄饨。把菠菜、荷兰豆和豌豆芽放在盘子上，再放上馄饨，淋上调味酱汁，最后撒上小葱碎。

烤猪肉、苹果和卷心菜沙拉配芥末酱

4 人份

我在这个食谱中用的是猪五花，用剩下的烤猪肉制作也非常完美。也可加入鸡肉或火鸡，圣诞节的剩菜刚刚有了新去处。

原料

750g 无骨猪五花

2 汤匙橄榄油

1 茶匙海盐粒

4 个小号青苹果

600g 芝麻菜叶

225g 皱叶甘蓝，切碎

芥末酱原料

1 汤匙芥末子

30ml 初榨橄榄油

1 汤匙蛋黄酱

30ml 白酒醋

1 汤匙蜂蜜

海盐粒和黑胡椒碎

制作方法

将烤箱预热至 180℃。

把苹果削皮去核，每个切成 4 块。把苹果的每一个面蘸一些油，大约用掉一半的油，放进一个铺有烘焙纸的小烤盘里。

在猪皮和肥肉部分切出十字花形，不要切到瘦肉部分，加橄榄油、海盐粒揉搓，确保切好的皮里有盐。把猪肉放进烤盘里，和苹果一起烤 30min，或者直到苹果变成金色，但仍然保持其形状为止。把苹果从烤箱里拿出来，猪肉继续烤 30~40min。

将烤箱温度提高到 200℃，再将猪肉烤 20min，或直到猪皮开裂。将猪肉从烤箱中取出，静置 10~15min，然后切片。

把所有的芥末酱原料放在一起搅匀，加入一点儿海盐粒和黑胡椒碎，直到酱汁变得滑润。把芝麻菜、皱叶甘蓝、苹果和猪肉放到一个大碗里，倒上酱汁，轻轻地搅拌均匀，分盘上桌。

青木瓜猪肉沙拉配辣青柠酱汁

4 人份

你可以用这个食谱做很多不同的沙拉。你可以加入虾，用鸡肉代替猪肉，如果你买不到青木瓜，把黄瓜切成条也是一个很好的选择。

原料

600g 脆烤五花肉 *，切片

油葱酥

木瓜沙拉原料

1 个青木瓜，约 450g 切丝

1 根黄瓜，去子切片

2 根红辣椒，去子切片

2 个黄洋葱，切片

75g 泰国罗勒叶

75g 芫荽叶

75g 越南薄荷叶

辣青柠酱汁原料

80ml 米酒醋

30ml 鱼露

3 汤匙白砂糖

1 根红辣椒，对半切开

1 瓣大蒜，切片

60ml 青柠汁

制作方法

在平底锅中用中火加热米酒醋、鱼露和白砂糖，搅拌均匀，加入红辣椒和大蒜，转小火加热 3~4min，或直到混合物稍微呈浓稠状。关火倒出，冷却至室温。加青柠汁制成辣青柠酱汁，放置一旁备用。

把青木瓜、黄瓜、红辣椒、黄洋葱和香草放在一个大碗里混合，淋上酱汁，轻轻搅拌，最后放上猪肉，撒上油葱酥。

小贴士

* 脆烤五花肉做法参考 152 页。

扁豆、豌豆和意大利熏火腿沙拉

4 人份

这道沙拉最适合很多人一起分享，是一份很棒的"秋季沙拉"，可以和酥脆的烤鱼或鸡肉搭配。

原料

250g 法国黑扁豆

175g 冻豌豆，解冻

10 片意大利熏火腿薄片

40g 意大利芹，切碎

2 根小葱，切碎

60ml 橄榄油

30ml 白酒醋

1 汤匙蜂蜜

1 茶匙第戎芥末

1 茶匙海盐粒

1/2 茶匙白胡椒碎

制作方法

按照包装说明把法国黑扁豆煮熟，沥干水分备用。

将豌豆放入盐水中煮 2~3min，沥干水分备用。

用中火加热不粘锅，放入意大利熏火腿，将其每面煎 2min，或煎至口感酥脆为止。

把橄榄油、白酒醋、蜂蜜、芥末、海盐粒和白胡椒碎搅拌均匀。

把黑扁豆、豌豆、意大利芹、火腿和小葱一起放入碗中，倒入调味酱汁，搅拌后装盘上菜。

意大利熏火腿和黄桃沙拉

4 人份

我特别喜欢当季的桃子。如果你想用其他方法来吃桃子，那就试试沙拉吧。在这道菜里，用桃子搭配辣味的芝麻菜和腌火腿味道很好。

原料

50ml 初榨橄榄油

30ml 红酒醋

1 汤匙枫糖浆

120g 嫩芝麻菜叶

2 个大号熟黄桃，切成大块

20 片意大利熏火腿薄片

45g 烤过的杏仁片

海盐粒和黑胡椒碎

制作方法

把橄榄油、红酒醋、枫糖浆和一点儿海盐粒放在一个碗里搅拌均匀，制成调味汁。

把芝麻菜放进一个大碗里，用一半调味汁搅拌。

把芝麻菜、黄桃和火腿放在盘子里，淋上剩下的调味汁，撒上杏仁片和黑胡椒碎。

无花果、意大利干酪和火腿沙拉

4 人份

能享用无花果的时间很短暂，所以我喜欢充分利用这种水果。无花果在早餐、甜点、沙拉或奶酪板上都能有一席之地。我把这些软而甜的"宝石"与奶油般口感的干酪、微苦的生菜叶子、咸味的火腿和松脆的杏仁混合在一起，制成了这道菜。

原料

8 个熟无花果，切开

4 个樱桃番茄，切开

12 片意大利熏火腿

150g 苦苣叶

250g 新鲜意大利干酪

1/2 汤匙海盐粒

1/2 汤匙黑胡椒碎

60g 烤杏仁，切碎

2 汤匙柠檬汁

40ml 初榨橄榄油

1 汤匙枫糖浆

1 茶匙芥末子

1 汤匙甜味香脂釉（sweet balsamic glaze）

嫩罗勒叶，作为装饰

制作方法

将无花果、番茄、意大利熏火腿和苦苣叶放在盘子中。

把意大利干酪、海盐粒和胡椒碎混合均匀，撒在沙拉上。

把柠檬汁、橄榄油、枫糖浆和芥末子放在一个小碗里搅拌均匀，淋在沙拉上，加点海盐粒调味。最后在沙拉顶部滴上一小滴香脂釉，撒上杏仁碎和罗勒叶。

纽约华尔道夫沙拉配琥珀核桃和蓝纹奶酪

作为轻食供 4 人食用

多年来，苹果、核桃和芹菜的经典组合创造了许多版本的沙拉。我的这一版本的灵感来自我在纽约标准酒店品尝到的沙拉。这个版本有轻奶油般的调味酱汁、烟熏培根、薄薄的苹果片和温和的蓝纹奶酪。

原料

琥珀核桃原料

2 汤匙白砂糖

12 个新鲜核桃仁

2 片烟熏培根，切小片

115g 生菜

115g 长叶莴苣嫩叶

1 根芹菜，切碎

1 个青苹果，切片

60g 淡味蓝纹奶酪，切碎

嫩芥菜苗，作为装饰

酱汁原料

60ml 脱脂奶

1 汤匙蛋黄酱

白胡椒碎

1 汤匙柠檬汁

1 茶匙蜂蜜

制作方法

将白砂糖和 60ml 水放入小平底锅中，用中高火加热，搅拌使糖溶解。煮沸后转小火煮 5~7min，或直到混合物变成金黄色为止。

加入核桃仁搅拌，使核桃仁均匀粘上焦糖，然后倒在一个铺有烘焙纸的托盘上，将核桃仁摊开冷却凝固，分成小块，搁置一边备用。

同时，用小煎锅把培根用中火煎至酥脆，用厨房用纸吸去多余的油脂，搁置一边。

把所有酱汁原料放在一个碗里搅拌。

上菜时，把生菜、长叶莴苣嫩叶、芹菜、苹果和蓝纹奶酪放在盘子里，撒上培根片和核桃仁，淋上调味酱汁，用芥菜苗做装饰。

牛 肉

Beef

牛肉糙米韩国沙拉碗

4 人份

这道菜把所有好食材都放在一个碗里享用，素食者可以用烤豆腐代替牛肉。

原料

200g 糙米，洗好

500g 牛肉，切薄片

1 汤匙姜末

2 瓣蒜，磨碎

1 汤匙黄糖

2 汤匙酱油

2 茶匙芝麻油

60ml 葵花子油

1 个大号胡萝卜，切成丝

2 个西葫芦，切成丝

1 把英式菠菜

4 个柴鸡蛋

2 根小葱，切碎

2 茶匙烤过的芝麻

125ml 韩式辣椒酱（见 19 页）

制作方法

将糙米按照包装上的说明煮熟，放在一边保温备用。

在牛肉上抹上姜末、蒜蓉、黄糖、酱油和芝麻油。

在大号不粘锅中用中火加热 20ml 葵花子油，分批放入牛肉，各煎 2~3min。煎好后取出牛肉，放入碗中。

在同一个不粘锅中用中火加热少许葵花子油，加入胡萝卜和西葫芦，炒 2min，然后加入英式菠菜，继续炒 2min，或者直到菠菜变软熟透为止。把牛肉放回锅里加热 2min。

在不粘锅里加热剩余的葵花子油，放入鸡蛋煎 2~3min，或者直到鸡蛋刚刚凝固为止。上菜时把糙米分装在碗里，放上炒好的牛肉和蔬菜，然后放上煎蛋，淋上韩式辣椒酱，撒小葱和芝麻。

牛肉荞麦面沙拉配华夫酱

4 人份

在过去的四年里，我一直在为一支职业足球队提供餐饮服务，这是我一直在为他们做的菜。它富含蛋白质，非常健康，毕竟，只需要一点红肉就能说服男孩们接受沙拉！

原料

2 汤匙酱油

2 汤匙味淋

1 汤匙白砂糖

270g 干荞麦面

500g 整块牛排

2 汤匙橄榄油

2 瓣大蒜，切片

150g 绿豆芽

150g 金针菇

2 个小黄瓜，切成条

2 根小葱，切碎

1 杯日式华夫酱（见 29 页）

1 茶匙日式七味唐辛子 *

制作方法

将烤箱预热至 180℃。

把酱油、味淋和白砂糖放在一个大碗里搅拌均匀，加入牛排，室温腌 45min。在不粘锅里加热一半的橄榄油，将牛肉从腌料中取出，放入锅中，每面煎 2min，或煎至熟为止。把牛肉放在烤箱烤盘上，烤 15min，如果需要的话，烤的时间可以更长。取出牛肉，静置 10min 后切片。

同时，将荞麦面放入一锅沸腾的盐水中煮 3min，沥干水分，用冷水冲洗后备用。取一个大号不粘锅，用大火加热剩余的橄榄油，加入大蒜、豆芽和金针菇，炒 1~2min，直到炒出蒜香，取出，放在一边备用。

上菜的时候，把荞麦面放在盘子里，然后放上黄瓜、小葱、绿豆芽、金针菇、牛肉片。最后淋上日式华夫酱，再撒上七味唐辛子。

小贴士

* 七味唐辛子也可以用油葱酥、辣椒粉、花生碎或芝麻混合而成的香辛料代替。

金枪鱼小牛肉配鸡蛋和酸豆

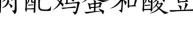

4 人份

这道经典的意大利菜已经流传多年了。我减少了一些制作步骤，以更快、更现代的方式制作这一小牛肉和金枪鱼的奇妙组合。

原料

600g 小牛肉排，纵向切成 4 块

海盐粒

2 汤匙橄榄油

2 汤匙百里香

4 个鸡蛋

1 个小柠檬

150g 嫩芝麻菜叶

黑胡椒碎

嫩法香，用于装饰

金枪鱼酱汁原料

185g 最佳品质的油浸金枪鱼，沥干

2 片凤尾鱼排，切碎

4 个水煮蛋，切碎

1 汤匙小酸豆，洗净，多备一些
　待用

2 汤匙柠檬汁

2 茶匙柠檬皮屑

100ml 橄榄油

制作方法

用中火加热一个不粘锅。

将小牛肉用海盐粒调味，表面抹上橄榄油，和百里香一起放入锅中，每面煎 2~3min，或至熟透为止。做好后从锅中盛出，扔掉百里香，放在温暖的地方保温备用。

同时，将鸡蛋放入沸腾的盐水中煮 6~8min，过冷水去壳，切成两半备用。

将金枪鱼、凤尾鱼、鸡蛋碎、酸豆、柠檬汁、柠檬皮屑、一点儿海盐粒和黑胡椒碎放入料理机，搅拌均匀。然后慢慢倒入橄榄油，搅拌 30~40s，直到生成一种比蛋黄酱稍微稀薄的光滑的酱汁，制成金枪鱼酱汁。

上菜时，把小牛肉切成片，放在盘中，加入一大勺金枪鱼酱汁，饰以鸡蛋、芝麻菜叶、额外的酸豆、嫩法香、黑胡椒碎、柠檬，最后滴几滴橄榄油。

柠檬草牛肉配面条香草沙拉

4 人份

这款香草面条沙拉中可以加入任何蛋白质，我用的是牛肉，也可以用鸡肉、羊肉、猪肉、虾或豆腐，请随意搭配！

原料

500g 牛眼肉，切片

1 汤匙植物油

2 汤匙油葱酥

2 汤匙丘比蛋黄酱

1 汤匙是拉差蒜蓉辣椒酱

1 汤匙黑芝麻

腌渍原料

2 汤匙柠檬草，只留下白色部分，
    切碎

1 汤匙鲜姜，切碎

1 汤匙芫荽茎，切碎

2 瓣蒜，压碎

1 汤匙鱼露

1 汤匙蜂蜜

1/2 茶匙黑胡椒碎

1 茶匙芝麻油

面条沙拉原料

200g 米粉

115g 球叶莴苣，切碎

1 根红辣椒，切碎

2 根小葱，切碎

1 根中号胡萝卜，去皮切丝

80g 芫荽，撕碎

80g 薄荷，撕碎

酱汁原料

1 汤匙白醋

1 汤匙白糖

1 茶匙鱼露

1 茶匙辣椒油，或者鲜辣椒

1/2 茶匙芝麻油

白胡椒碎

柠檬汁

制作方法

把牛肉片放在一个大碗里，加入所有腌渍原料，腌制 1h。

把米粉放入一个大碗中，加入开水，泡发 5min，然后用剪刀把米粉剪成几段，用流动的凉水冲凉。

把冷却后的米粉放在一个大碗中，加入所有的面条沙拉原料。

把所有酱汁原料放在一个碗里混合均匀，成调味酱汁，放置一旁备用。

把蛋黄酱和是拉差蒜蓉辣椒酱放在一个小碗里混合均匀，成蛋黄辣椒酱，放置一旁备用。

取一个不粘锅倒入油，大火加热，放入牛肉分批煎 3~4min，或煎到你喜欢的程度。取出牛肉，放在温暖的地方保温。

上菜时，把面条沙拉放在盘子里，上面放上熟牛肉，淋上调味酱汁、蛋黄辣椒酱，撒上油葱酥和黑芝麻。

用多余的芫荽和一块柠檬角进行装饰。

根芹、苹果、豆瓣菜配意大利牛肉干

4 人份

这道惹人喜爱的、清淡的沙拉最好作为开胃菜。意大利牛肉干（Bresaola）是风干咸牛肉，经过2~3个月的制作，使牛肉变硬，颜色变成深红色，如果买不到也可用其他牛肉干代替。

原料

1 个小号根芹，去皮切丝

1 个青苹果，切丝

2 汤匙蛋黄酱

1 汤匙醇厚的希腊酸奶

1 汤匙柠檬汁

2 茶匙蜂蜜

20 片意大利牛肉干

1 把豆瓣菜，只留叶子

2 根小葱，切碎

1 汤匙初榨橄榄油

海盐粒

制作方法

把根芹和苹果放在一个大碗中。

把蛋黄酱、酸奶、柠檬汁、蜂蜜和一点儿海盐粒在一个小碗里混合均匀，加入到苹果和根芹中，拌匀成芹菜沙拉。

将切好的意大利牛肉干在盘子里码好，上面放上芹菜沙拉和豆瓣菜，最后撒上小葱，淋上橄榄油。

牛肉裸汉堡配蘑菇、芝士、酸黄瓜

4 人份

这是一道外行也非常容易掌握的菜。我更喜欢吃沙拉和蔬菜，而不是大量的碳水化合物，所以我把汉堡换成了生菜。我们可以把这个当成是生菜汉堡。

原料

4 片生菜的外层叶子，
    修整一下形状

500g 安格斯牛肉末

1 茶匙新鲜百里香，切碎

1 茶匙新鲜迷迭香，切碎

1 汤匙橄榄油

1 个大号洋葱，切片

2 朵大号的蘑菇，切片

4 片切达芝士

1 个大号番茄，切片

8 片罐装甜菜根，沥干水分

4 根莳萝腌黄瓜，纵向切片

60ml 美式芥末

125ml 番茄酸辣酱

1 茶匙干辣椒碎

海盐粒和胡椒碎

制作方法

把牛肉末放在碗里，加入百里香、迷迭香、海盐粒和胡椒碎，用干净的手把香草和牛肉末混合均匀，分成 4 份，制作成约 1cm 厚的肉饼。

用中火加热不粘锅，加入橄榄油，待油温升高后放入牛肉饼煎 2min 后翻面，继续煎 2~3min，或直到熟透为止。

把牛肉饼从锅里取出来，放上切达芝士，放置一旁备用。

煎牛肉饼的同时，锅中加蘑菇、洋葱、海盐粒炒 4min，或直到它们变软为止。

上菜之前，把生菜叶子放在盘中，然后把番茄和甜菜根放在叶子的中间，在上面放上蘑菇和洋葱，挤上番茄酸辣酱和芥末，再放上牛肉饼，撒上莳萝腌黄瓜和干辣椒碎。尽快食用。

生牛肉配番茄、罗勒和佩科里诺羊干酪

4 人份

在这道沙拉里，牛肉入口即化。带有甜味的烤番茄、咸的橄榄和新鲜香草是我最喜欢的配料。如果你愿意，也可以随意改变食材的组合。

原料

200g 牛里脊

200g 樱桃番茄，切成圆片

60ml 初榨橄榄油

1 茶匙白砂糖

40g 罗勒叶，切碎

90g 佩科里诺羊干酪，切片

20 颗小号黑橄榄，去核

20 片酸叶草叶

1 汤匙意大利黑醋

海盐粒和胡椒碎

制作方法

取一个大号平底锅，用中火加热 20ml 橄榄油。用海盐粒给牛里脊调味后，放入锅中，盖上锅盖加热 2~3min，翻面，将牛里脊两面都煎成金色。从平底锅中取出牛肉，用保鲜膜包紧，冷冻 1h，或直到冻得比较紧实，但不要冻透。

同时，将烤箱预热至 160℃ 。

把番茄放在铺有烘焙纸的烤盘上，淋上 20ml 橄榄油和所有的白砂糖，加入海盐粒调味，放入烤箱烤 30~35min，或者直到番茄稍干，变皱变甜，取出并冷却。

把牛肉从冰箱里拿出来去掉保鲜膜，用刀把牛肉切成薄片，稍微重叠码在盘子中，撒上海盐粒和胡椒碎调味。牛肉上放上烤番茄、罗勒、佩科里诺羊干酪、橄榄和酸叶草叶，淋上剩余的橄榄油和意大利黑醋。

肉丸沙拉

4 人份（12 个肉丸）

沙拉里有肉丸可能看起来有些奇怪，但一旦你尝过了，就不会这么觉得了，事实上，这是一种神奇的搭配！冬天，各种温热的蔬菜可以作为肉丸的配菜。

肉丸原料

500g 猪肉末

500g 牛肉末

1 个柴鸡蛋，略微打散

165g 新鲜意大利乳清干酪

60g 帕尔马干酪，擦成碎屑

2 茶匙百里香，切碎

2 茶匙迷迭香，切碎

1 汤匙番茄酱

番茄酱汁原料

1 汤匙橄榄油

1 个小号洋葱，切片

2 瓣蒜，压碎

60g 番茄酱

400g 番茄罐头

1/2 茶匙干辣椒碎

2 茶匙糖

2 茶匙干牛至

75g 冷冻豌豆

200g 芝麻菜

20 颗黑橄榄，去核

40g 罗勒叶

1 汤匙意大利黑醋

酸酵种面包

制作方法

将烤箱预热至 180℃。

把所有的肉丸原料放在一个大碗里搅拌均匀，团成 12 个大肉丸，放入深边的大号烤盘中，然后放入冰箱。

取平底锅，倒入橄榄油用中火加热，加入洋葱和大蒜炒 3~4min，或直到它们变软为止。加入番茄酱、番茄罐头、干辣椒碎、糖和干牛至，用小火慢煮，不时翻动一下，煮 5~6min。

把肉丸从冰箱里拿出来，倒上番茄酱汁，放入烤箱，烤 40~45min，偶尔轻轻地将肉丸子翻面，以确保它们被酱汁完全覆盖，并且肉丸的顶部不会干透。从烤箱中取出，在食用前静置 10min。

同时，把豌豆放进煮沸的盐水中煮 2~3min；捞出；放在冷水里冷却。

上菜时，将芝麻菜、豌豆和橄榄放置在碗底；再放上肉丸，撒上罗勒叶和帕尔马干酪碎屑；淋意大利黑醋。配酸酵种面包趁热食用。

蔬菜类
Vegetables

绿色藜麦配香蒜和烤坚果仁

4 人份

我以前有一档早间健康烹饪节目。在节目中我总是分享健康的、既快手又容易制作的沙拉，适合时间有限的人群。这道菜随着节目结束也消失了，但几周后，有观众告诉我，他们非常喜欢它，并且已经做过好几次了。这道菜应该也很适合你。

原料

50g 红色藜麦

50g 白色藜麦

180g 西蓝花，切成小朵

115g 冷冻豌豆

150g 嫩菠菜叶

125ml 罗勒松仁酱（见 25 页）

1 个牛油果，去皮切片

50g 烤过的南瓜子

50g 烤过的葵花子

100g 菲达奶酪，切碎

柠檬角

制作方法

将两种藜麦放入平底锅中，加 400ml 冷水没过，煮沸后转小火煮 12~14min，或者直到藜麦变得蓬松熟透为止。

同时，将西蓝花放入盐水中烫 2min，然后加入豌豆再煮 2min。把蔬菜取出沥干，和熟藜麦一起放进一个大碗里。

碗中加入菠菜和罗勒松仁酱，搅拌均匀。

把藜麦沙拉装进盘子或碗里，放上牛油果，撒上南瓜子、葵花子、菲达奶酪，最后挤入柠檬汁。

小贴士
这款沙拉本身就很好吃，也可以搭配烤鱼或烤鸡。

香辣甘蓝、毛豆和腌渍姜沙拉

4 人份

毛豆和腌渍姜是我最喜欢的两种日本食材。这道菜是我在家里做出的一顿便捷又健康的午餐沙拉。柚子醋能在冰箱里保存两个星期，有了它，就很容易做出美味的午餐啦。

原料

200g 冷冻毛豆粒

1 汤匙橄榄油

4 朵大号香菇，切片

1 瓣大蒜，去皮切片

海盐粒

8 片甘蓝叶，去掉硬梗，切片

1 个熟牛油果，去皮切片

2 根小葱，切碎

50g 腌渍姜

2 汤匙丘比蛋黄酱

2 茶匙日式七味唐辛子

柚子醋原料

1 瓣大蒜，磨碎

1 汤匙柚子

1 汤匙日本酱油

1 汤匙味淋

1 汤匙红酒醋

1 汤匙黄糖

1 茶匙芝麻油

白胡椒粉

制作方法

将毛豆粒放入盐水中煮 4~5min，捞出，用冷水冷却后备用。

向不粘锅中加入橄榄油，用中火加热，加入香菇炒 2~3min，然后加入大蒜和海盐粒，继续炒 2~3min，炒好后放在一边冷却。

将所有柚子醋原料放在一个大碗里搅拌均匀，加入毛豆粒、香菇、甘蓝、牛油果和小葱。使酱汁充分沾到食材上，然后装盘。最后，在沙拉上加上腌渍姜、丘比蛋黄酱，再撒上七味唐辛子。

生彩虹甜菜根和苹果沙拉
配菲达奶酪和烤坚果

4 人份

我喜欢时不时地在沙拉里使用一些生的食材，你能从蔬菜中得到所有的营养。甜菜根添加了很棒的颜色，如果你能找到其他不同颜色的食材，也能拌出一个在视觉上非常有趣的沙拉，甚至可以做得更好！

原料

4 个中号甜菜根，选用不同的颜色，
　　去皮并切成火柴棍大小

40ml 橄榄油

20ml 柠檬汁

20ml 枫糖浆

1 茶匙孜然

45g 葵花子

45g 佩皮塔子

2 个红苹果，带皮切成火柴棍大小

150g 菲达奶酪

80g 新鲜薄荷叶

海盐粒和黑胡椒碎

制作方法

把甜菜根放在一个大碗里。混合一半的橄榄油、柠檬汁和枫糖浆，加海盐粒和黑胡椒碎调味。把制好的调味汁倒在生甜菜根上，搅拌均匀备用。

取一个小平底锅用中火加热，加入剩下的橄榄油，放入孜然、葵花子和佩皮塔子，炒 3~4min，或者直到它们变得金黄酥脆为止。从锅中取出并冷却备用。

把苹果和甜菜根混合，再加入一半薄荷叶拌匀，放在一个盘子中，加入菲达奶酪、剩余的薄荷叶，撒上炒过的孜然等，倒上剩余的调味汁。

泡菜和芝麻沙拉

4~6 人份

蔬菜加入沙拉之前先腌渍一下，这是一种做出特别风味和口感的好方法。

原料

2 个中号西葫芦，切成火柴棍粗细

2 个胡萝卜，切成火柴棍粗细

2 茶匙海盐粒

半棵大白菜，切片

1 根红辣椒，去子切片

80g 泰国罗勒

80g 新鲜薄荷叶，撕碎

80g 新鲜芫荽，切碎

2 根小葱，切碎

1 汤匙烤过的芝麻

泡菜汁原料

165ml 白醋

100g 白糖

60ml 水

酱汁原料

75ml 泡菜汁

2 茶匙酱油

2~3 滴辣椒油

2 茶匙芝麻油

白胡椒碎

制作方法

把白醋、白糖和水放在一个平底锅里，用中火煮开，搅拌几分钟，直到糖全部溶解，然后小火慢煮 5min，或直到混合物变得浓稠后，盛出冷却。

把西葫芦放在碗里，撒上粗盐，用手把盐轻轻地揉进蔬菜里，静置15min，用筛子过滤（这样可以除去多余的液体）。

把西葫芦和胡萝卜倒进一个玻璃碗里，加上泡菜汁，静置 15min 腌渍一下。

同时，把大白菜、红辣椒、泰国罗勒、薄荷、芫荽、小葱和芝麻放在一个大碗里。

把西葫芦和胡萝卜沥干水分（保留 75ml 的泡菜汁作为调味汁），把腌渍菜和拌好的沙拉放在一起。

把所有酱汁原料在一个碗里混合均匀，倒在沙拉上。轻轻搅拌沙拉；使调味料均匀沾到沙拉上，装盘上菜。

撒上额外的芫荽叶。

西洋菜、白桃、马萨里拉奶酪球和杏仁沙拉

正式宴会中适用于 4 人

就像大多数非常简单的沙拉一样，这道菜真正的关键是你所用食材的品质。白桃酸甜可口，但只在短暂的季节才能品尝到。使用最好的桃子来做这道沙拉，多花一点钱是值得的！我喜欢用白桃做尽可能多的菜，它们非常好吃。在这道超级简单的沙拉里，它们与辛辣的芝麻菜和奶酪完美搭配。

原料

2 杯西洋菜

l 茶匙植物油

2 茶匙蜂蜜

280g 嫩芝麻菜

2 个大号熟白桃，洗净切两半

4 个大号马萨里拉奶酪球，切碎

30g 烤过的杏仁片

2 汤匙红色小西索叶，切碎

酱汁原料

2 汤匙白酒醋

2 茶匙蜂蜜

2 汤匙橄榄油

海盐粒和白胡椒碎

制作方法

向不粘锅里加油，用中火加热，放入桃子煎 2~3min，或者直到桃子变得焦糖化为止。把桃子翻过来，淋上蜂蜜，再煎 1~2min，取出桃子。

上菜时，将芝麻菜、桃子和马萨里拉奶酪放在一个上菜盘上。把所有酱汁原料混合在一起，倒在沙拉上，最后撒上烤杏仁和西索叶。

日本酱油和龙舌兰烤南瓜配坚果

作为配菜可供 4 人食用

我非常喜欢甜甜的烤南瓜，它可以用于各种菜肴。这道菜是一道很不错的配菜，可以搭配烤鸡、烤鱼和绿叶沙拉等。

原料

1kg 小南瓜，去子切成 2cm 厚的大块

60ml 橄榄油

40ml 日本酱油

2 汤匙龙舌兰糖浆，多备一些备用

30g 原味腰果，大致切碎

2 汤匙油葱酥

1 汤匙烤过的芝麻

海盐粒和白胡椒碎

制作方法

将烤箱预热至 180℃ 。

把南瓜放在一个碗里，加入橄榄油，用海盐粒和白胡椒碎调味，然后放入烤箱烤 35min。从烤箱中取出，淋上一点日本酱油和龙舌兰糖浆。放回烤箱，再烤 10~15min，或者直到南瓜熟，变成金黄色。

从烤箱中将南瓜取出，放在盘子上。如果需要的话，淋上额外的龙舌兰糖浆，然后在上面放上腰果、油葱酥和芝麻。趁热食用。

烤胡萝卜配酸奶和中东风味调味料

作为配菜可供 2 人食用

如果你能买到不同颜色的胡萝卜,那就太好了! 如果买不到也不用担心,将普通胡萝卜纵向切片并烤熟也适用。

原料

8 根小胡萝卜,洗净对半切开

20ml 橄榄油

1 茶匙海盐粒

1 茶匙孜然

1 汤匙蜂蜜

125ml 芝麻酱酸奶(见 16 页)

1 汤匙中东风味调料(见 21 页)

制作方法

将烤箱预热至 180℃ 。

在胡萝卜上涂上橄榄油、海盐粒和孜然,放在铺有烘焙纸的烤盘上,放入烤箱烤 20~25min,或直到胡萝卜变成金黄色并熟透。

把胡萝卜从烤箱里拿出来,趁着胡萝卜还热的时候,淋上一点蜂蜜,涂匀。把胡萝卜放在盘子里,加入一些芝麻酱酸奶,撒上中东风味调料。

蒸茄子沙拉配姜醋

正式宴请中供 4 人食用

我喜欢茄子，如果菜单上有，我一定会点的。蒸茄子会使茄子的口感变成像奶油冻般的质地。

原料

2 个中号茄子，去蒂纵向切成 8 块

2 茶匙海盐粒

80ml 花生油

20g 姜，切成细丝

2 茶匙黄糖

1 茶匙芝麻油

1 汤匙日本酱油

2 茶匙陈醋

1/4 杯小葱，切小段

1/4 杯芫荽，切碎

制作方法

在茄子的两面撒上海盐粒，静置 10min（这可以消除茄子的苦味）。

同时，制作调味酱汁，将花生油放入平底锅里用大火加热到快要冒烟的状态。将姜放入一个耐热碗中，小心地将热油倒在姜上。在油停止沸腾之后，加入黄糖、芝麻油、酱油和陈醋，搅拌混合后尝一下味道是否均衡。放置一边待用。

把茄子冲洗干净，用厨房用纸擦干。然后将茄子放在蒸笼里蒸 15~20min，或者直到茄子变软为止。

小心地将茄子从蒸笼中取出，稍微冷却。

上菜时，把茄子放在一个盘子里，用勺子舀上调味酱汁，撒上小葱和芫荽。

酸甜西葫芦沙拉

4 人份

这道简单的快手沙拉与烤鱼、烤鸡很搭，也可以将它作为三明治的夹馅。

原料

20g 松子仁

20g 杏仁片

2 汤匙雪莉酒醋

1¹⁄₂ 汤匙白砂糖

1 瓣大蒜，切碎

2 汤匙橄榄油

2 个大号西葫芦，切成细丝

1/2 个紫洋葱，切片

30g 黑加仑干

40g 意大利芹，切碎

制作方法

将松子仁、杏仁片放小煎锅里用中火干炒 2~3min，直到颜色变成金黄后取出，放置一旁备用。

把雪莉酒醋和白砂糖放在一个小平底锅里，用中高火加热，搅拌至糖溶解，加入大蒜调味。关火冷却 5min，然后加入橄榄油，制成调味汁。

把西葫芦和洋葱放在一个大碗里，倒入调味汁，搅拌混合，静置 10~15min 以入味。在上菜前加入干炒过的松子、杏仁以及黑加仑干和意大利芹，搅拌一下。

杏仁、蔓越莓和香草藜麦沙拉

6~8 人份

这道沙拉的特色是口感。健康的藜麦、松脆的坚果，和往常一样，由一种柑橘类的酱汁将它们融合在一起。我在很多宴会上都做过这个，且经常会被问配方，所以在这里分享给大家。

原料

175g 白色藜麦

175g 珍珠粗麦粉

45g 烤过的芝麻

60g 核桃，切碎

60g 烤过的杏仁片

45g 佩皮塔子

45g 葵花子

60g 黑加仑干

45g 蔓越莓干

40g 意大利芹，切碎

40g 薄荷，切碎

40g 芫荽，切碎

酱汁原料

75ml 橄榄油

海盐粒和胡椒碎

2 汤匙蜂蜜

75ml 柠檬汁

制作方法

将藜麦放入锅中，加入 2 杯凉水，用中火加热至沸腾，然后转小火煮 12~14min，或者直到藜麦变得蓬松为止，放置一旁晾凉。将珍珠粗麦粉放入一锅冷水中，用小火煮 12min，沥干水分放凉。

把所有的酱汁原料放在一个小碗里，搅拌并放在一边。

在一个大碗里放入藜麦、珍珠粗麦粉、芝麻、核桃、杏仁、佩皮塔子、葵花子、黑加仑干、蔓越莓干、意大利芹、薄荷和芫荽，倒入酱汁，搅拌均匀。

把沙拉放在碗里上菜，用额外的薄荷和芫荽装饰。

番茄、马苏里拉芝士配综合牛油果碎酱

4 人份

这款沙拉非常简单，但番茄、马苏里拉芝士和橄榄油的品质极其重要。不同颜色的番茄有不同的甜度和质地，所以选择你最喜欢的番茄，在配料上多花心思，它们就会自己展现出其妙处！

原料

250ml 香草、杏仁和牛油果碎酱
　（见26页）
600g 樱桃番茄，选择不同颜色
2 块大号马苏里拉芝士球（或 12
　个车厘子那么大的小马苏里拉
　芝士球，沥干水分）
1 茶匙海盐粒
2 汤匙橄榄油
嫩希腊罗勒叶，作为装饰

制作方法

把一半香草、杏仁和牛油果碎酱放在大盘子的中央。

把樱桃番茄切成小块，放在酱料上，用海盐粒调味。

将马苏里拉芝士大致撕开，放在番茄周围。用勺子舀上剩下的酱料，然后淋上橄榄油，撒上希腊罗勒叶。

香味花椰菜沙拉配芥末酸奶酱

4 人份

我喜欢烤蔬菜沙拉，尤其是在冬天，想做点家常吃食的时候。这道烤花椰菜沙拉是一款很好的配菜，或者加一些烤鸡肉或烤羊肉和一把沙拉叶作为佐餐。

原料

1 棵花椰菜，去掉外面的叶子，切成小朵

2 汤匙橄榄油

2 茶匙孜然

1 茶匙研磨后的芫荽子

1/2 茶匙研磨后的肉桂

2 汤匙烤过的杏仁片

1 汤匙葡萄干

海盐粒

芥末酸奶酱原料

250ml 浓厚的希腊酸奶

2 茶匙第戎芥末酱

1 汤匙柠檬汁

2 茶匙蜂蜜

制作方法

将烤箱预热至 180℃。

把花椰菜放在一个大碗里，加入橄榄油、孜然子、芫荽子和肉桂，用海盐粒调味。

把花椰菜放在铺有锡纸的烤盘上，放入烤箱烤 25~30min，或者直到花椰菜呈金黄色并散发出香味。

同时，把所有的芥末酸奶酱原料放在一个碗里混合均匀，倒在盘子里，放上花椰菜，再撒上杏仁和葡萄干。趁热食用。

热抱子甘蓝、烤大蒜和黑芝麻酱

2 人份

与煮抱子甘蓝相比，烤抱子甘蓝赋予了它更强烈的味道和口感。如果你不是一个喜欢吃煮抱子甘蓝的人，试试这道菜吧。

原料

6 头大蒜，去外皮

14 个中号抱子甘蓝，对半切开

2 汤匙橄榄油

40g 浓缩酸奶（见 22 页）

2 汤匙意大利芹，切碎

海盐粒

酱汁原料

2 茶匙黑芝麻酱

1 汤匙苹果醋

1 汤匙蜂蜜

1 汤匙橄榄油

制作方法

将烤箱预热至 180℃。

把大蒜放在锡纸中间，淋上 1 汤匙橄榄油，撒一点海盐粒。把锡纸包成一个袋子，放入烤箱烤 30~35min。

同时，煮一锅盐水，将抱子甘蓝烫 3~4min，沥干水分后，淋上剩下的橄榄油，撒海盐粒。

把抱子甘蓝放在铺有烘焙纸的烤盘上，和大蒜一起放在烤箱里烤 15~20min，或者烤到金黄色为止。取出，冷却。

把所有酱汁原料混合在一起，搅拌均匀。

上菜时，把抱子甘蓝和烤大蒜放在一个温热的盘子里，撒上切碎的浓缩酸奶，淋上酱汁，饰以意大利芹，趁热食用。

酥脆藜麦沙拉配梨、芹菜、腰果
和帕尔马干酪

4 人份

这款沙拉的口感非常清脆，藜麦、梨、芹菜、腰果赋予了它不同程度的酥脆。

原料

80g 白色藜麦

2 个绿色的梨，洗好

2 根芹菜，洗好切碎

175g 长叶莴苣叶，洗净后切碎

40g 意大利芹，切碎

100g 帕尔马干酪，刨碎

60g 烤腰果

60ml 初榨橄榄油

2 汤匙柠檬汁

1 汤匙蜂蜜

1 汤匙带子芥末

海盐粒和胡椒碎

制作方法

将藜麦放入锅中，加入 320ml 冷水，用中火加热。煮沸后，转小火煮 12~14min，或者直到藜麦变得蓬松，所有液体都被吸收为止。

将梨切成 4 份，取出果核，用刀将梨纵向切成非常薄的片。

把藜麦、梨、芹菜、莴苣、意大利芹、帕尔马干酪和腰果放在一个大碗里。

把橄榄油、柠檬汁、蜂蜜、芥末和一点儿海盐粒、胡椒碎搅拌成调味汁，倒在沙拉上，搅拌均匀。把沙拉分装，上菜。

血橙、烤甜菜根和榛子沙拉

4 人份

这是一个非常简单的食谱，所有不同的颜色看起来都很搭。如果血橙不当季，可以用普通的橙子代替，效果也一样。

原料

12 个小甜菜根，洗净，留较嫩的
   叶子待用
4 个中号金色甜菜根，洗净
60ml 橄榄油
40g 百里香叶
4 个血橙，去皮切薄片
40g 烤榛子，切碎
180g 腌过的山羊奶酪，沥干撕碎
红色嫩水芹，用于装饰
嫩希腊罗勒，用于装饰

酱汁原料

40ml 橄榄油
1 汤匙夏顿埃酒醋
2 茶匙枫糖浆
海盐粒和胡椒碎

制作方法

将烤箱预热至 180℃ 。

在甜菜根上涂上一层橄榄油，用大量的海盐粒调味。把甜菜根和百里香用锡纸包起来，放到烤盘上，放入烤箱烤 35~40min，或用刀插入中心时变软为止。将甜菜根从烤箱中取出，在锡纸中静置 15min，然后将甜菜根去皮，每个切成 4 块。

将所有酱汁原料放入碗中调匀成酱汁。

在一个大盘子的底部放上切好的圆形血橙，放上烤甜菜根、榛子、山羊奶酪，用小甜菜根叶、红水芹和希腊罗勒装饰，最后淋上调味酱汁。

蚕豆、豌豆、柠檬和山羊奶酪

2 人份

一道美味的春季沙拉，如果有新鲜的豌豆，就用它们代替冷冻的。

原料

175g 新鲜带皮蚕豆

150g 冻豌豆

60g 山羊奶酪

2 茶匙柠檬皮屑

1 茶匙红辣椒，切碎

黑胡椒碎

酱汁原料

1 汤匙柠檬汁

1 汤匙橄榄油

1 茶匙蜂蜜

1/2 茶匙海盐粒

制作方法

把一锅盐水烧开，加入蚕豆，煮 3~4min，然后用漏勺把蚕豆取出，放到盘子里。当蚕豆冷却到可以处理的温度时，剥去蚕豆的外皮，放置一旁备用。

把同一锅盐水放回火上，再烧开，加入豌豆煮 2~3min，或直到刚刚煮熟为止。

把豌豆和蚕豆一起放进一个浅盘里。

撒上山羊奶酪、柠檬皮屑和红辣椒。

把所有酱汁原料混合在一起，倒在沙拉上。

最后在上面撒上黑胡椒碎。

豇豆、豆腐和芝麻藜麦沙拉

4 人份

这是一道美味的蛋白素食沙拉。它吃起来棒极了，也能冷藏保存好几天。可以作为一个健康的办公室午餐或野餐菜！

原料

1 汤匙葵花子油

300g 豇豆或四季豆，切成 0.5cm
    长的段

100g 五香豆腐，切小块

2 茶匙姜，擦碎

2 头大蒜，磨碎

1/2 茶匙五香粉

海盐粒

100g 白色藜麦，按照包装说明
    煮熟

45g 烤过的芝麻

2 根小葱，切碎

酱汁原料

2 汤匙生抽

2 汤匙葵花子油

2 汤匙米醋

1 汤匙黄糖

2 茶匙芝麻油

1 茶匙辣椒油

1/4 茶匙白胡椒碎

制作方法

把所有酱汁原料放在一个碗里混合，放在一边备用。

将葵花子油倒入一个不粘锅中，用中高火加热，加入豇豆翻炒 3~4min，然后加入豆腐、生姜、大蒜、五香粉和少许海盐粒，继续炒 2~3min，或者直到豇豆熟透为止。

把豇豆和煮熟的藜麦、芝麻、小葱一起放到一个大碗里，浇上酱汁，搅拌均匀，装盘，趁热食用。

甜菜根沙拉配香味枫糖杏仁和山羊奶酪

4 人份

这种食材的组合已经存在一段时间了，主要原因是它的味道很不错！朴实的烤甜菜根与任何乳脂软奶酪搭配都很完美。我在这个食谱中使用了山羊奶酪，也可以用羊奶、乳清干酪和新鲜的马苏里拉芝士。杏仁也可以用榛子、松子、腰果、开心果或烤过的果仁，如葵花子或南瓜子代替。

原料

12 个小号甜菜根，金色的和普通的

30ml 橄榄油

4 枝百里香

150g 嫩芝麻菜叶

200g 软山羊奶酪

115g 五香枫糖杏仁（见 31 页）

酱汁原料

30ml 红酒醋

1 汤匙枫糖浆

40ml 初榨橄榄油

1 茶匙第戎芥末

海盐粒和胡椒碎

制作方法

将烤箱预热至 180℃。

把甜菜根上的叶子洗净并修剪一下，把较小的叶子留作沙拉用。取 4 片 30cm 长的锡纸放在工作台上，将甜菜根分开放在锡纸中间。

将甜菜根淋上橄榄油，撒上百里香叶，用海盐粒调味。用锡纸将甜菜根包起来，放入烤箱烤 30~40min，或直到甜菜根烤熟为止。从烤箱中取出，待其冷却后，剥去皮并切成两半。

把所有酱汁原料放在碗里搅拌均匀，用少许海盐粒和胡椒碎调味。

把芝麻菜、甜菜叶和熟甜菜根放在一个盘子里，撒上山羊奶酪，然后淋上酱汁，撒上杏仁后上菜。

酥脆莴苣沙拉配烤玉米和沙拉酱

4 人份

烧烤或烟熏玉米使玉米中的天然糖分焦糖化，产生烟熏味。烟熏甜玉米是一个别致的处理方式，能给一道简单的沙拉增加味道的厚度，就如这道菜！

原料

3 根玉米，剥去外皮

1 汤匙橄榄油

250g 长叶莴苣，洗净后切片

1 个小号球茎茴香，切碎，叶子留下备用

4 个胡萝卜，洗净切碎

125ml快手沙拉酱汁（见20页）

海盐粒

制作方法

用中火加热一个不粘锅。

在玉米上涂橄榄油，加海盐粒调味，放入锅中煎 10~12min，不时转动翻面，直到玉米外层烧焦并煎熟。关火，把玉米取出，冷却后切下玉米粒。

在一个大碗里混合莴苣、球茎茴香、胡萝卜、玉米粒和快手沙拉酱，使食材均匀地沾上沙拉酱，放到碗里，最后撒上茴香叶进行装饰。

日式烤南瓜和藜麦沙拉

4 人份

这是一道很不错的适合分享的沙拉，可用于派对。当然，它足够丰盛，也可以自己享用，或者搭配烤肉或烤海鲜一起吃也很完美。

原料

800g 小南瓜，带皮去子切成 1cm 厚
　的块

2 汤匙橄榄油

1 茶匙干辣椒碎

海盐粒

175g 白色藜麦，冲洗干净

200g 冷冻毛豆

4 个小水萝卜，切碎

100g 嫩芝麻菜叶，洗净

40g 烤过的佩皮塔子

1 汤匙烤过的芝麻

嫩西苏叶，用于装饰

柚子醋酱汁原料

1 汤匙柚子

1 汤匙日本酱油

1 汤匙味淋

1 汤匙红酒醋

1 汤匙黄糖

1 茶匙芝麻油

白胡椒碎

制作方法

将烤箱预热至 180℃ 。

把南瓜放在铺有烘焙纸的烤盘上，淋上橄榄油，撒上干辣椒和海盐粒，放入烤箱里烤 30~35min，或者直到南瓜变软，但仍然保持它的形状为止。从烤箱中取出并冷却。

同时将藜麦放入锅中，加入 500ml 冷水，用中火煮沸后转小火盖上盖子焖煮 12~14min，或直到藜麦变软，所有水分都被吸收为止。

将毛豆放入盐水中煮 2~3min，捞出后用冷水洗净。

将所有柚子醋酱汁原料放在一个碗里搅拌均匀，放在一边备用。

上菜前，把藜麦放在盘子中，再放上南瓜、水萝卜、芝麻菜和毛豆，淋上柚子醋酱汁，用佩皮塔子、芝麻和嫩西苏叶装饰。

碎鹰嘴豆、藜麦和石榴

4 人份

传统的玉米卷是用小麦碎做的。我把小麦换成藜麦，加入了碎鹰嘴豆，这不仅仅是饮食上的考虑，让它不含麸质和小麦，并且这样会使这道菜的质地更丰富，最重要的是尝起来很美味！

原料

80g 白色藜麦，冲洗干净

400g 罐装鹰嘴豆，沥干洗净

80g 意大利芹，切碎

40g 薄荷叶，切碎

2 汤匙小葱，切碎

2 个大号熟番茄，切块

1 个小号石榴，取子

50ml 初榨橄榄油

40ml 柠檬汁

1 汤匙蜂蜜

1 茶匙海盐

2 汤匙石榴糖浆

制作方法

将藜麦放入平底锅中，加入 320ml 冷水，用中高火烧开，然后转小火，盖上盖子焖煮 12~14min，或者直到藜麦变软，所有的水分都被吸收为止。煮好后放置一边备用。

把鹰嘴豆放在一个大碗里，用叉子的背面大致压一半的鹰嘴豆，留下一些完整的鹰嘴豆使整体看起来更好看。加入意大利芹、薄荷、小葱、番茄、熟藜麦和一半石榴子。

把橄榄油、柠檬汁、蜂蜜和海盐搅拌在一起，倒在沙拉上，搅拌均匀。

把沙拉放在盘子里，放上剩余的石榴子，淋上石榴糖浆。

生南瓜沙拉

4 人份

南瓜只需涂上橄榄油，加上帕尔马干酪和新鲜的香草就很完美。

原料

6 个小金瓜，洗净

2 个大号西葫芦，洗净

4 个胡萝卜，洗净

2 汤匙新鲜薄荷叶

2 汤匙新鲜罗勒叶，撕碎

80g 帕尔马干酪，刨碎

30g 烤过的杏仁，切碎

40ml 橄榄油

海盐粒和黑胡椒碎

制作方法

将金瓜、西葫芦和胡萝卜分别切成薄片。

把所有蔬菜放进一个大盘子里，撒上薄荷、罗勒、帕尔马干酪和杏仁片，淋上橄榄油，加少许海盐粒和黑胡椒碎。

炸抱子甘蓝、酥脆鹰嘴豆和香料酸奶

4 人份

将蔬菜油炸听起来似乎有点任性，但更重要的是它的味道是否好。这将由你来亲自判断，这可是很让人上瘾的美味。

原料

2000ml 葵花子油

500g 抱子甘蓝，对半切开

400g 罐装鹰嘴豆，沥干水分

1 茶匙辣椒粉

250ml 醇厚的希腊酸奶

1 汤匙芝麻酱

1 茶匙干辣椒碎

2 茶匙孜然粉

2 茶匙蜂蜜

20ml 柠檬汁

20ml 橄榄油

2 汤匙新鲜薄荷，切碎

1 汤匙烤过的芝麻

海盐粒

制作方法

将 1000ml 葵花子油倒入一个大锅中加热，其余的油放在一个小锅中加热。将两个锅加热至 170℃。

把鹰嘴豆放在厨房纸巾上晾干，放入碗中，加辣椒粉搅拌均匀，然后小心地将它们倒入较小的油锅中，炸 6~8min，或者直到变脆为止。

捞出鹰嘴豆，放在纸巾上，用海盐粒调味。放置一边待用。

同时，将抱子甘蓝放入大油锅里炸 10~12min，或者炸到外面的叶子变得金黄酥脆为止，从油中捞出并用厨房纸巾吸干多余的油。

将酸奶、芝麻酱、干辣椒碎、孜然粉、蜂蜜、柠檬汁和橄榄油放在一个碗中混合均匀。

把香料酸奶酱放在一个大碗中，上面放上炸抱子甘蓝，撒上鹰嘴豆、薄荷和芝麻。

蔬菜坚果沙拉

4 人份

综合刨丝器能完美切割各种蔬菜，如果你没有，也可以用带齿的蔬菜削皮器，或用刀把所有蔬菜都切得尽可能细。

原料

120g 嫩菠菜叶，切碎

2 个中号甜菜根，去皮切丝

2 个中号西葫芦，切丝

2 根红辣椒，去子切条

85g 石榴子

40g 烤过的杏仁片

60g 烤过的葵花子仁

60g 烤过的佩皮塔子

40g 原味烤腰果

1 汤匙烤过的白芝麻

酱汁原料

60ml 初榨橄榄油

30ml 雪莉酒醋

1 汤匙蜂蜜或枫糖浆

1 茶匙海盐粒

白胡椒碎

制作方法

把所有酱汁原料放在一个大碗里搅拌，再加入除甜菜根以外的所有其他原料，使所有食材都均匀沾上调味汁。

加入甜菜根，轻轻搅拌一两次，然后将沙拉放入碗中。

单独食用或与您喜爱的奶酪、烤肉、家禽类、鱼肉一起食用。

香炸豆丸和甜菜根沙拉

大约制作 20 个丸子，4 人份

这道食谱中的丸子是用干鹰嘴豆制作出的，请不要使用罐装鹰嘴豆，它们太软了。我真的很喜欢这道沙拉，也可以将丸子用热的扁面包包起来吃。

原料

炸豆丸原料

250g 干鹰嘴豆

2 汤匙孜然

2 汤匙芫荽子

2 茶匙混合香料粉

1/2 茶匙辣椒粉

2 茶匙泡打粉

1 个洋葱，切碎

3 头大蒜，压碎

80g 意大利芹，切碎

80g 芫荽，切碎

2 茶匙海盐

1/2 茶匙白胡椒碎

1 汤匙普通面粉

45g 白芝麻

400ml 葵花子油

甜菜根沙拉原料

2 个大号生甜菜根，去皮切丝

150g 紫甘蓝，切碎

1/2 个红皮洋葱，切碎

2 汤匙蛋黄酱

2 汤匙醇厚的希腊酸奶，多准备一些待用

海盐

2 汤匙薄荷叶，撕碎

柠檬角，用于装饰

制作方法

提前一天晚上开始准备这道菜。

把干鹰嘴豆放进碗里，倒入冷水，浸泡一夜。

第二天沥干鹰嘴豆，把水倒掉。

将孜然和芫荽子放入小煎锅中，中火煎 1min，直到香味四溢。关火取出，用研钵或料理机磨成细粉。

把磨碎的香料和除芝麻外的其他所有炸豆丸原料，一起放入料理机中，搅匀，形成一个粗糙的面团。把混合物做成汤匙大小的球，粘上芝麻，放在托盘上放入冰箱静置 30min，使香味散发出来。

同时，将甜菜根沙拉的所有原料放在一个碗里混合，用海盐调味，搅拌均匀备用。

在平底锅中将葵花子油加热至 160℃，确保油不要太热，否则鹰嘴豆丸子外部会熟得太快，无法熟透；但如果油温太低，鹰嘴豆丸子会浸入太多油变得油腻。将丸子分批炸 3~4min，或直至其呈金黄色并散发出香味为止。用厨房纸巾吸干油分。

上菜时，将甜菜根沙拉放在碗底，放上热的鹰嘴豆丸子，淋上额外的酸奶，撒上薄荷叶，配柠檬角装饰。

脆皮豆腐沙拉配香辣花生酱

4 人份

这是个人版本的经典印尼蔬菜沙拉。其他做法可能包括煮土豆、切碎的番茄和大块的黄瓜。我把它们从这个食谱中删掉了，但你可以随意加入其中的任何一种。烤虾或水煮鸡肉也能为这道沙拉增色不少。

原料

4 个柴鸡蛋

150g 卤水豆腐，切成块

2 瓣大蒜，去皮切薄片

250ml 葵花子油

250g 豇豆，去筋

200g 大白菜，切碎

100g 豆芽

海盐粒和黑胡椒碎

1 汤匙黄糖

115g 原味烤花生

200ml 椰奶

香辣花生酱原料

2 汤匙葵花子油

1/2 个红洋葱，切碎

1 汤匙姜，切碎

2 瓣大蒜，切碎

1 根红辣椒，切碎，并多准备一些备用

1 汤匙罗望子酱

制作方法

首先制作香辣花生酱，将葵花子油倒入小平底锅中用中火加热，加入洋葱和姜，炒 3~4min，然后加入大蒜和红辣椒，继续炒 2~3min，或直到香味释放出来为止。

加入罗望子酱、黄糖、花生和 60ml 水，用小火煮 2~3min，关火取出，稍微冷却，放入料理机搅打成光滑的糊状。接下来把糊状物放在平底锅里用中火加热，倒入椰奶后，转小火慢煮 8~10min，或直到油开始从酱汁中析出为止。尝一下味道并保温。

把鸡蛋放在盐水里煮 6~8min 后关火取出，放入一碗冷水中。将鸡蛋冷却至足以开始处理，剥壳并放在一边。

将葵花子油放入锅中加热至 160℃。用纸巾吸干豆腐上的水分，放入锅中煎 1~2min，或直到煎至豆腐呈金黄色。用漏勺将豆腐取出并用厨房纸巾吸干。将大蒜放入锅中炒 1~2min，或直到大蒜变得金黄酥脆为止。取出大蒜并用厨房纸巾吸干油。

在一个大煎锅里用 1 汤匙葵花子油高火加热，放入豇豆炒 3~4min，关火，放在一边稍微冷却。

上菜时，把大白菜和豆芽放在大盘子里，加入豇豆、豆腐和切碎的水煮蛋。用勺子舀上香辣花生酱，配上炸蒜和切碎的红辣椒。

印度什香粉烤南瓜配酸奶酱汁沙拉

4 人份

原料

800g 南瓜，带皮切大块

60ml 橄榄油

2 茶匙印度什香粉

1 茶匙海盐粒

2 茶匙白芝麻

1 茶匙研磨后的孜然

200g 综合沙拉叶

400g 罐装扁豆，沥干水分并冲洗
　　一下

酸奶酱汁原料

250ml 醇厚的希腊酸奶

1 汤匙芝麻酱

1 汤匙柠檬汁

2 茶匙蜂蜜

少量海盐粒

制作方法

将烤箱预热至 180℃ 。

在南瓜上涂上橄榄油、印度什香粉和海盐粒。把南瓜放在铺有烘焙纸的烤盘上烤 30~35min，或者直到南瓜变软，但仍保持其形状为止。将南瓜从烤箱中取出，放在一边稍微冷却。

用中火加热一个不粘锅，将芝麻炒 2~3min，或炒至散发香味并变成金黄色。从火上移开，趁热加入孜然粉拌匀。

把所有的酸奶酱汁原料放在碗里搅拌均匀。

上菜前，把综合沙拉叶和罐装扁豆放在碗底，放上烤南瓜，淋上酸奶酱汁，最后撒上芝麻混合物。

抱子甘蓝沙拉配味噌、毛豆和鸡蛋碎

这道沙拉我经常做。只需要它，一顿清淡的大餐就备好了，可与新鲜的生鱼片、烤鱼、豆腐、鸡肉或牛肉搭配，就更丰盛了。

原料

4 个柴鸡蛋

200g 冷冻毛豆粒

500g 抱子甘蓝，擦丝

1 汤匙黑芝麻

味噌酱汁原料

2 汤匙白味噌酱

2 汤匙白酒醋

1 汤匙味淋

1 汤匙白砂糖

1 汤匙生抽

1 汤匙橄榄油

1 茶匙芝麻油

制作方法

把鸡蛋放在盐水里煮 10~12min，取出后放入一碗冷水中完全冷却，去壳放在冰箱里。

同时，把毛豆放在盐水里煮 2~3min，捞出，在流动的冷水下冲洗，沥干备用。

在一个碗里用 1 汤匙温水将所有味噌酱汁原料搅拌至光滑。

把毛豆和切好的抱子甘蓝放到一个大碗里，倒上味噌酱汁后搅拌均匀，分装到碗中。

用一个中等大小的擦丝器把煮熟的鸡蛋擦碎，放在每份沙拉的顶部，最后撒上芝麻。

甜菜根、毛豆、藜麦和柚子沙拉

4 人份

在这本书中，我的柚子调味酱汁偶尔被用在一些不同的沙拉中，因为我喜欢柑橘味、甜味和咸味的组合。不仅仅是日式风味菜肴，也可试试其他不同类型的沙拉。

原料

4 个中号甜菜根，洗净

60ml 橄榄油

80g 红色藜麦

150g 冷冻毛豆粒

400g 西蓝花，去掉老硬部分

150g 嫩菠菜

1 茶匙黑芝麻

2 个血橙，剥皮横向切圆片

40g 芫荽叶

1 茶匙辣椒油

海盐粒

柚子酱汁原料

1 汤匙柚子

1 汤匙日式酱油

1 汤匙米酒醋

1 汤匙味淋

1 汤匙黄糖

1 茶匙芝麻油

白胡椒

制作方法

将烤箱预热至 180℃。

取 4 张 20cm 长的锡纸，分别放上 1 个甜菜根，淋上一半的橄榄油，用少许海盐粒调味。用锡纸将甜菜根包起来，放入烤箱，烤 40min，或直到甜菜根变软为止。从烤箱中取出，待其冷却，将甜菜根的皮剥掉，横向切成圆片，放置一边待用。

同时，将藜麦放入平底锅中，加入 320ml 凉水，用大火加热煮沸，然后转小火将藜麦煮 12~14min，或直到它变软且所有液体都被吸收为止，放在一边冷却待用。

将毛豆放入一大锅盐水中煮 2min，加入西蓝花，再继续煮 2~3min。煮好后捞出，用冷水冲洗一下。把西蓝花纵向切成小朵，放在一边。

把所有的柚子酱汁原料放入碗中搅拌，直到糖溶化为止。

上菜前，把菠菜、藜麦、毛豆、西蓝花和芝麻放在一个大碗里，倒上柚子酱汁，搅拌均匀后分装，再放上甜菜根、血橙、芫荽和辣椒油。

胡萝卜沙拉配胡萝卜叶香蒜酱、藜麦和孜然酸奶

2 人份

这是一道适合在凉爽的天气里享用的美妙又美味的沙拉。烤胡萝卜的甜味适合添加到各种沙拉中。藜麦、加了香料的酸奶和香蒜酱的组合，为你带来一份可爱的秋季早午餐或午餐。

原料

1 把荷兰小胡萝卜，洗净顶叶备用

20ml 橄榄油

50g 红色藜麦，洗净

280g 芝麻菜叶

50g 山羊奶芝士

30g 开心果仁，切碎

海盐粒

胡萝卜香蒜酱原料

4 汤匙胡萝卜叶，多备一些待用

2 汤匙芫荽叶

2 汤匙薄荷叶

30g 原味烤腰果

1 汤匙柠檬汁

2 茶匙蜂蜜

20g 帕尔马干酪，擦碎

80ml 橄榄油

海盐粒

孜然酸奶原料

1 茶匙孜然

125ml 醇厚的希腊酸奶

1 汤匙蛋黄酱

制作方法

将烤箱预热至 180℃。

给胡萝卜涂上橄榄油，用少许海盐粒调味。

把胡萝卜放在铺有烘焙纸的烤盘上烤 25~30min，或一直烤到熟透为止。

同时，将藜麦放入锅中，加入 200ml 冷水，用中高火煮沸后，转小火，盖上盖子继续煮 12~14min，或直到藜麦变软，所有液体都被吸收为止。放置一旁待用。

将所有胡萝卜香蒜酱原料放入料理机中，搅拌至顺滑，备用。

用中火加热小煎锅，加入孜然炒 30s，或直到散发出香味为止。关火，将孜然倒入研钵或料理机中研磨成细粉，加海盐粒、酸奶和蛋黄酱搅拌均匀。

用勺子把孜然酸奶舀到盘子上，放上藜麦、芝麻叶和胡萝卜，撒上山羊奶芝士，淋胡萝卜香蒜酱，撒上开心果，用预留的胡萝卜叶进行装饰。

辣味卷心菜配豆芽、莳萝和腰果

4 人份

这道菜超级简单，不需要加热，脆的豆芽、卷心菜、腰果和苹果混合在一起。我喜欢用这道沙拉配烧烤排骨、鸡肉或烤鱼。

原料

100g 新鲜豆芽

200g 皱叶甘蓝，切碎

100g 紫甘蓝，切碎

1 根胡萝卜，去皮切细丝

100g 西蓝花梗，去掉老硬的部分
  之后切细条

1 个青苹果，切细条

2 根小葱，切碎

2 汤匙新鲜莳萝，切碎

75g 烤腰果

1 根红辣椒，去子切碎

酱汁调料

2 汤匙丘比蛋黄酱

2 茶匙是拉差蒜蓉辣椒酱

2 茶匙米酒醋

2 茶匙芝麻油

2 茶匙鱼露

2 茶匙黄糖

制作方法

把所有酱汁原料放在碗里搅拌均匀。

把所有的沙拉原料放进一个大碗里，倒上酱汁，搅拌均匀，然后装入上菜用的碗中。

印度花椰菜 "古斯米"

4 人份

这是一道为那些不能或不吃谷物、大米或土豆的人而准备的很棒的食谱。把花椰菜切碎，蒸一下，成为一种美味的、无麸质的、纯素、低碳水化合物的食物，可以代替普通的粗麦粉或米饭。

原料

1kg 花椰菜

2 汤匙橄榄油

1 个大号红洋葱，切片

1 汤匙姜，切碎

1 汤匙褐色芥末子

40g 芫荽

1 瓣大蒜，压碎

1 茶匙研磨后的芫荽子

1 茶匙研磨后的孜然

1 茶匙研磨后的姜黄

1 根红辣椒，切碎

40g 黄油

1 茶匙糖

20ml 柠檬汁

1/2 茶匙什香粉

85g 烤过的腰果

海盐粒

制作方法

将花椰菜最厚的茎切掉，留作汤底使用。把花椰菜切成小块，分批放入料理机中，不断搅打，直到它们看起来像粗麦粉的样子。注意不要搅打过度，否则会变成糊状。

把橄榄油倒入不粘锅，用中火加热，放入洋葱，加海盐粒炒 6~8min，或直到洋葱变成金黄色。加入姜和芥末子，再炒 2min。

把芫荽茎切碎，放入锅中，保留芫荽叶作为装饰。加入大蒜、芫荽子、孜然、姜黄和辣椒，再继续炒 1~2min，使香味溢出。

锅中加入黄油，待黄油化开后，加入花椰菜和一点儿海盐粒，搅拌均匀，使所有原料沾满香料。

盖上盖子焖煮 2~3min，或直到花椰菜变软，但仍然保持其形状为止。关火取出，加入糖、柠檬汁和什香粉，搅拌均匀。

装盘盛出，最后撒上腰果和芫荽叶。

烤玉米、黑豆和烟熏扁桃仁沙拉

在宴会中可供 4 人食用

这是一道很不错的烟熏莎莎沙拉，它可以单独作为沙拉，或作为墨西哥餐的一部分，配上用低温慢煮法制作的肉类、温热的玉米饼和奶油般口感的牛油果酱。

原料

4 根玉米，去皮

1 汤匙橄榄油

海盐粒和胡椒碎

1 个大号牛油果，切小粒

285g 罐装烤甜椒，沥干水分，切碎

1 罐黑豆，沥干水分

40g 芫荽，切碎

40g 薄荷，切碎

2/3 杯整颗烟熏扁桃仁，切碎

酱汁原料

2 个青柠，榨汁

1 汤匙龙舌兰糖浆

1 汤匙橄榄油

制作方法

把玉米刷上一层橄榄油，撒一点海盐粒，放入一个不粘锅里，烤 8~10min，偶尔翻一翻，直到玉米的表皮稍微变黑。将玉米从锅中取出，让其稍微冷却后切下玉米粒，放到一个大碗里。加入牛油果丁、烤甜椒、黑豆、芫荽和薄荷。

把所有酱汁调料放在一个碗里混合均匀，倒在沙拉上，搅拌均匀。把沙拉放在上菜的盘子里，撒上烟熏扁桃仁。享受美味吧。

味噌茄子沙拉

这道菜做起来真的很容易，而且配料也很少。这道美味与任何类型的烤肉、海鲜或豆腐都可以很好地搭配。一碗清淡的绿色蔬菜也能很完美地放在它的旁边。

原料

6 个中号茄子

2 茶匙海盐

60ml 橄榄油

100g 白味噌

50g 白砂糖

40ml 味淋

40ml 日本清酒

2 茶匙烤过的白芝麻

1 汤匙小葱，切碎

制作方法

将预热烤箱至 180℃ 。

将茄子纵向切成两半，再划上十字花刀，注意不要切断。撒上海盐，静置 15min，以吸取部分苦味并析出水分，然后冲洗干净，用厨房纸巾吸干。

把茄子刷上橄榄油，放在不粘锅里，每面用中火煎几分钟，直到茄子变得金黄，但不要煎透。把茄子皮面向下放到一个铺有烘焙纸的烤盘上。

将味噌、白砂糖、味淋和清酒混合均匀，搅拌成糊状。在茄子上刷上味噌酱，然后放入烤箱烤 10~12min，或直到茄子变软，味噌酱冒泡，散发出香味为止。

从烤箱中取出茄子，放在盘子里，撒上芝麻和小葱。趁热食用。

碎茄子沙拉配哈里萨酸奶和杜卡

4 人份

准备这个沙拉需要一点时间，但很值得。将茄子切片并油炸，使它具有奇妙的脆壳外表与丝绸般柔软丝滑的内部质地。你可以用烤箱或烧烤炉烤茄子来代替，让它稍微健康一点。

原料

2 个茄子（每个约 300g）切成

　　1cm 厚的圆片

115g 普通面粉

2 茶匙姜黄

1 汤匙印度什香粉（garam

　　masala）

1 个柴鸡蛋

125ml 牛奶

150g 面包糠

500ml 葵花子油

400g 罐装鹰嘴豆，沥干水分

100g 嫩芝麻菜叶

1/4 杯杜卡（见 30 页）

芫荽叶

海盐粒和胡椒碎

哈里萨酸奶原料

250ml 希腊酸奶

2 茶匙哈利萨辣椒酱

1 汤匙柠檬汁

2 茶匙蜂蜜

制作方法

把茄子撒上 2 茶匙海盐粒，静置 15~20min，使盐从茄子中吸取一些苦味，去除一些水分。洗净，用厨房纸巾把茄子拍干。

在一个大碗里把面粉、姜黄和印度什香粉混合，用海盐粒和胡椒碎调味，然后将茄子放入粉中裹粘均匀。

另外取一个大碗，把鸡蛋和牛奶搅拌均匀。将茄子浸在鸡蛋液中，沥掉多余的液体，然后再把茄子放在面包糠里滚一下。

将葵花子油倒入一个大号煎锅中，用中火加热。将茄子分批炸 2~3min，或直到其表皮金黄、中间松软为止。用厨房纸巾吸干多余的油。

同时，把所有的哈里萨酸奶原料放在一个碗里混合均匀。

上菜时，在大盘子里放一层茄子，再放上鹰嘴豆和芝麻菜，淋上哈里萨酸奶酱，最后用杜卡和芫荽叶装饰。

致 谢

我亲爱的爱好沙拉的读者们——这本书是为你们而写的，享受它吧！

妈妈、爸爸——为了传递你们对食物的热情和节俭的能力——几乎不用任何配料来做一顿饭！你们教会了我要动脑筋，在我成长过程中吃过的饭菜至今仍留在我的记忆中。还感谢你们在我小时候强迫我吃抱子甘蓝和牡蛎，因为这个，我爱上了各种各样的食物！

戴安和新荷兰团队——我做梦也没想到我会有自己的食谱书！你们给我的这个机会和支持助我实现了梦想。谢谢你们。

苏斯·塔布斯——在这本书中照片的拍摄过程中，我有幸与这位出色的摄影师一起工作。感谢你和我分享你的个人音乐列表，并帮我解决掉大量"沙拉剩菜"！

艾玛·达克沃斯——我的私人美食造型设计师，谢谢你让我的食物看起来干净、漂亮，最重要的是，非常美味！

卡梅尔·霍瓦思和科尔斯超市——感谢你们多年来的帮助和支持，以及为本书提供的所有美味的食材。

悉尼天鹅（THE SYDNEY SWANS）——感谢你提供的厨房设施和拍摄场地，如果没有那个大冰箱，我会不知所措。

最后同样重要的是……

我的搭档——索菲，我最好的朋友以及我最喜欢的美食评论家！你不断的支持和激励使一切成为可能。感谢你的爱心和关怀，以及你对我的不足厨艺的耐心！我永远感激你陪在我身边。